"十四五"普通高等教育本科部委级规划教材

服装学科系列教材

李 正 王胜伟 ◎ 主 编

孙路苹 李潇鹏 ◎ 副主编

FUZHUANG SHEJI CHUANGYI YU BIAODA

服装设计创意与表达

中国纺织出版社有限公司

内 容 提 要

本书以编者的实际教学经验为基础，对服装设计创意与表达进行了明确诠释。全书共分为七章，主要阐述了服装设计相关概述、服装设计创意基础理论、服装设计创意思维训练与表达、服装设计创意灵感来源与设计表达、服装设计创意表达形式、服装要素设计创意与表达、服装设计大师及创意设计作品赏析七部分内容。本书注重培养服装专业学习者的创新思维能力、服装设计能力与艺术鉴赏能力。本书内容丰富新颖、图文并茂、案例多样、理论联系实际，以点带面，拓宽了读者视野，具有可学习性、可理解性、可操作性和新颖性。

本书既适合作为高等院校和职业院校服装专业教学用书，也可以作为服装行业专业人员与广大服装爱好者的参考用书。

图书在版编目（CIP）数据

服装设计创意与表达 / 李正，王胜伟主编；孙路苹，李潇鹏副主编. -- 北京：中国纺织出版社有限公司，2024.3

"十四五"普通高等教育本科部委级规划教材

ISBN 978-7-5229-1382-7

Ⅰ. ①服… Ⅱ. ①李… ②王… ③孙… ④李… Ⅲ. ①服装设计 Ⅳ. ①TS941.2

中国国家版本馆 CIP 数据核字（2024）第 019926 号

责任编辑：宗 静 施 琦 责任校对：寇晨晨

责任印制：王艳丽

中国纺织出版社有限公司出版发行

地址：北京市朝阳区百子湾东里 A407 号楼 邮政编码：100124

销售电话：010—67004422 传真：010—87155801

http: //www.c-textilep.com

中国纺织出版社天猫旗舰店

官方微博 http://weibo.com/2119887771

北京通天印刷有限责任公司印刷 各地新华书店经销

2024 年 3 月第 1 版第 1 次印刷

开本：787 × 1092 1/16 印张：11.75

字数：200 千字 定价：68.00 元

凡购本书，如有缺页、倒页、脱页，由本社图书营销中心调换

总序
PREFACE

服装学科现状及其教材建设

能遇到一位好的老师是人生中非常幸运的事，有时这又是可遇而不可求的。韩愈说“师者，所以传道受业解惑也”，而今天我们又总是将老师比喻为辛勤的园丁，比喻为燃烧自己照亮他人的蜡烛，比喻为人类心灵的工程师等，这都是在赞美教师这个神圣的职业。作为学生尊重自己的老师是本分，作为教师认真地从事教学工作，因材施教去尽心尽责培养好每一位学生是做老师的天道义务，也是教师的基本职业道德。

教师与学生之间是一种无法割舍的长幼关系，是教与学的关系，传道与悟道的关系，是一种付出与成长的关系，服装学科的教学也是如此，“愿你出走半生，归来仍是少年”。谈到师生的教与学的关系问题必然绕不开教材问题，教材在师生教与学关系中间扮演着一个特别重要的角色，这个角色是有一个互通互解的桥梁角色。凡是优秀的教师都一定会非常重视教材（教案）的建设问题，没有例外。因为教材在教学中的价值与意义是独有的，是不可用其他的手段来代替的，当然好的老师与好的教学环境都是极其重要的，这里我们主要谈的是教材的价值问题。

当今国内服装学科的现状主要分为三大类型，即艺术类服装设计学科、纺织工程类服装专业学科、高职高专与职业教育类服装专业学科。另外还有个别非主流的服装学科，比如戏剧戏曲类的服装艺术教育学科、服装表演类学科等。国内现行三大类型服装学科教学培养目标各有特色，三大类型的教学课程体系也是有着较大差异性的，这个问题专业教师要明白，要用专业的眼光去选择适用于本学科的教材，并且要善于在自己的教学中抓住学科重点实施教学。比如艺术类服装设计教育主要侧重设计艺术与设计创意的培养，其授予的学位一般都是艺术学，过去是文学学位，而未来还将会授予交叉学学位。艺术类服装设计学科的课程设置是以艺术加创意设计为核心的，比如国内八大独立的美术学院与九大独立的艺术学院，还有国内一些知名高校中的二级艺术学院、美术学院、设计学院等大都属于这类学科。这类院校培养的毕业生就业多以自主创业，高级成衣定制工作室、大型企业高级服装设计师，企业高管人员，高校教师或教辅人员居多；纺织工程类服装学科的毕业生一般都是授予工学学位，其课程设置多以服装材料研究及其服装科研研发为其重点，包括服装各类设备的使用与服装工业再改造等。这类学生在考入高校时的考试方式与艺术生是不一样的，他们是以正常的文理科考试进校的，所以其美术功底不及艺术生，但是其文化课程分数较高。这类毕业生的就业多数是进入大型服装企业担任高级管理人员、高级专业技术人员、产品营销管理人才、企业高级策划人才、高校教学与教辅人员等。高职高专与职业类服装学科的教育都是以专业技能的培养为主要核心的，其在课程设置方面就比较突出实操实训能力的培养，非常注重技能的本领提升，甚至会安排学生考取相应的专业技能等级证书。高职高专的学生相对于其他具有学位层次的高校生来讲更具职业培养的属性，在技能培养方面独具特色，主要是为企业培养实用型专业人才的，这部分毕业生更受企业欢迎。这些都是我国现行服装学科教育的现状，我们在制订教学大纲、教学课程体系、选择专业教材时都要具体研究不同类型学科的实际需求，要让教材能够最大程度地发挥其专业功能。

教材的优劣直接关系着专业教学的质量问题，也是专业教学考量的重要内容之一，所以我们要清晰我国现行的三大类型服装学科各有的特色，不可“用不同的瓶子装着同样的水”进行模糊式教育。

交叉学科的出现是时代的需要，是设计学顺应高科技时代的一个必然，是中国教育的顶层设计。本次教育部新的学科目录调整是一件重要的事情，特别是设计学从13门类艺术学中调整到了新设的学科14交叉学科中，即1403设计学（可授工学、艺术学学位）。艺术学门类中仍然保留了1357“设计”一级学科。我们在重新制订服装设计教学大纲、教学培养过程与培养目标时要认真研读新的学科目录。还需要准确解读《2022教育部新版学科目录》中的相关内容后再研究设计学科下的服装设计教育的新定位、新思路、新教材。

服装学科的教材建设是评估服装学科优劣的重要考量指标。今天我国的各个专业高校都非常重视教材建设，特别是相关的各类“规划教材”更受重视。服装学科建设的核心内容包括两个方面，其一是科学的专业教学理念，也是对于服装学科的认知问题，这是非物质量化方面的问题，现代教育观念就是其主观属性；其二是教学的客观问题，也是教学的硬件问题，包括教学环境、师资力量、教材问题等，这是专业教育的客观属性。服装学科的教材问题是服装学科建设与发展的客观性问题，这一问题需要认真思考。

撰写教材可以提升教师队伍对于专业知识的系统性认知，能够在撰写教材的过程中发现自己的专业不足，拓展自身的专业知识理论，高效率地使自己在专业上与教学逻辑思维方面取得本质性的进步。撰写专业教材可以将教师自己的教学经验做一个很好的总结与汇编，充实自己的专业理论，逐步丰满专业知识内核，最终使自己的教学趋于最大程度的优秀。撰写专业教材需要查阅大量的专业资料与数据收集，特别是在今天的大数据时代，在各类专业知识随处可以查阅与验证的现实氛围中，出版优秀的教材是对教师的一个专业考验，是检验每一位出版教材教师专业成熟度的测试器。

教材建设是任何一个专业学科都应该重视的问题，教材问题解决好了专业课程的一半问题就解决了。书是人类进步的阶梯，书是人类的好朋友，读一本好书可以让人心旷神怡，读一本好书可以让人如沐春风，可以让读者获得生活与工作所需的新知识。一本好的专业教材也是如此。

好的老师需要好的教材给予支持，好的教材也同样需要好的老师来传授与解读，珠联璧合，相得益彰。一本好的教材就是一位好的老师，是学生的好朋友，是学生的专业知识输入器。衣食住行是人类赖以生存的支柱，服装学科正是大众学科，服装设计与服装艺术是美化人类生活的重要手段，是美的缔造者。服装市场又是一个国家的重要经济支撑，服装市场发展了可以解决很多就业问题，还可以向世界输出中国服装文化、中国时尚品牌，向世界弘扬中国设计与中国设计主张。大国崛起与文化自信包括服装文化自信与中国服装美学的世界价值。“德智体美劳”都是我国高等教育不可或缺的重要组成，我们要在努力构架服装学科专业教材上多下功夫，努力打造出一批符合时代的优秀专业精品教材，为现代服装学科的建设与发展多做贡献。

从事服装教育者需要首先明白，好的教材需要具有教材的基本属性：知识自成体系，逻辑思维清晰，内容专业目录完备，图文并茂循序渐进，由简到繁由浅入深，特别是要让学生能够读懂看懂。

教材目录是教材的最大亮点，十分重要。出版教材的目录一定要完备，各章节构成思路要符合专业逻辑，要符合先后顺序的正确性，可以说教材目录是教材撰写的核心要点。这里用建筑来打个比方：教材目录好比高楼大厦的根基与构架，而教材的具体内容与细节撰写又好比高楼大厦的瓦砾与砖块加水泥等填充物。建筑承重墙只要不拆不移，细节的瓦砾与砖块、承重墙是可以根据个人的喜好进行适当调整或重新组合的。这是建筑的结构与装饰效果的关系问题，这个问题放到我们服装学科的教材建设上是比较可以清楚地来理解教材的重点问题的。

纲举目张，在教学中要能够抓住重点，因材施教，要善于旁敲侧击、举一反三。“教育是点燃而不是灌输”，这句话给予了我们教育工作者很多的思考，其中就包括如何来提高学生的专业兴趣，在教学中，兴趣教学原则很值得我们去研究。从某种意义上来讲，兴趣是优秀完成工作与学习的基础保证，也是成为一位优秀教师、优秀学生的基础保证。

本系列教材是李正教授与自己学术团队共同努力的又一教学成果。参与编写作者包括清华大学美术学院吴波老师、肖榕老师，苏州城市学院王小萌老师，湖南工程学院陈佳欣老师，广州城市理工学院翟嘉艺老师，嘉兴职业技术学院王胜伟老师、吴艳老师、孙路苹老师，南京传媒学院曲艺彬老师，苏州高等职业技术学院杨妍老师，江苏盐城技师学院韩可欣老师，江南大学博士研究生陈丁丁，英国伦敦艺术大学研究生李潇鹏等。

苏州大学艺术学院叶青老师担任了本次12本“十四五”普通高等教育本科部委级规划教材出版项目主持人。感谢中国纺织出版社有限公司对苏州大学一直以来的支持，感谢出版社对李正学术团队的信赖。在此还要特别感谢苏州大学艺术学院及兄弟院校参编老师们的辛勤付出。该系列教材包括《服装设计思维与方法》《形象设计》《服装品牌策划与运作》等共计12本，请同道中人多提宝贵意见。

李正、叶青

2023年6月

前言
PREFACE

当今服装设计已经进入了创意时代，人民物质生活水平的不断提高，导致了人们对于服装心理需求的日益增长，服装设计只追求实用功能性的时期已成过去，这对服装产品的创意设计提出了更高的要求。无论是个人独立设计，抑或是服装品牌的市场拓展、服装企业的产品设计，还是服装院校的设计教学，缺乏创意创新终将会被时代需求和市场规则所淘汰。因此，加快培养创新型设计人才，加强培育具有自主创新意识的设计团队，创新赋能服装产业高质量发展，力争打造更富创意的优质产品，以适应人民日益增长的美好生活需要，是当下服装行业面临的根本问题。

鉴于此，编者特辑此书。本书内容编排上分为基础理论、设计实践和经典案例分析三大板块，层层递进，让读者更易理解，可读性强。而这三大板块又由七章构成。基础理论板块包括第一和第二章。第一章是绪论，简要概述了服装设计的概述、发展历史、分类以及价值。第二章是服装设计创意基础理论，重点阐明了服装设计创意的构成要素、基本原则以及形式美法则，该板块的内容可为读者学习创新服装设计奠定理论基础。设计实践板块由第三章至第六章构成，也是本书的重点内容。该部分结合大量的实际案例，分种类、分层次，详细介绍了服装设计创意思维训练与表达、服装设计创意灵感来源与设计表达、服装设计创意表达形式以及服装要素设计创意与表达，能够让读者切实掌握各类设计技巧，且能恰当合理地应用到设计作品中。第七章内容属于经典案例分析板块。该部分汇集了国内外顶流创意服装设计大师及其代表性的创意设计作品，以供读者赏析和体会创意服装设计的应用，重点培养读者创新思维能力和艺术鉴赏能力。

本书由李正、王胜伟、孙路苹、李潇鹏老师共同编写，其中第一章由王胜伟、李正编写，第二章由孙路苹、李正编写，第三章由李潇鹏、王胜伟、李正编写，第四章由王胜伟、李正编写，第五章由孙路苹、李正编写，第六章、第七章由王胜伟、孙路苹、李潇鹏、李正编写，全书由李正统稿。在本书的编写与出版过程中，苏州大学艺术学院、中国纺织出版社有限公司、嘉兴职业技术学院的相关领导给予了大力的支持，在此表示崇高的敬意和诚挚的谢意。此外，还要感谢苏州大学艺术学院叶青老师、刘婷婷博士、燕山大学赵丽洋博士、苏州高等职业技术学校杨妍老师、广州城市理工学院翟嘉艺老师、嘉兴职业技术学院吴艳老师以及林艺涵、滕纯正、周钰璐等同学的鼎力相助。本书在编撰过程中难免有疏漏和欠妥之处，敬请读者批评指正。

编者
2023年5月

教学内容及课时安排

章 / 课时	课程性质 / 课时	节	课程内容
第一章 （8 课时）	基础理论 （16 课时）		**·绪论**
		一	相关概述
		二	服装设计的起源与发展
		三	服装创意设计的分类
		四	服装设计创意的价值
第二章 （8 课时）			**·服装设计创意基础理论**
		一	服装设计创意的构成要素
		二	服装设计创意的基本原则
		三	服装设计创意的形式美法则
第三章 （8 课时）	设计实践 （36 课时）		**·服装设计创意思维训练与表达**
		一	培养创意思维能力的方法
		二	服装设计创意思维模式
		三	极限设计激发创意思维
第四章 （8 课时）			**·服装设计创意灵感来源与设计表达**
		一	仿生大自然的创意灵感
		二	潜意识与显意识催生创意灵感
		三	来自传统文化的创意灵感
		四	运用跨界艺术思维激发创意灵感
第五章 （8 课时）			**·服装设计创意表达形式**
		一	抽象性创意表达
		二	具象性创意表达
第六章 （12 课时）			**·服装要素设计创意与表达**
		一	服装色彩设计创意与表达
		二	服装款式设计创意与表达
		三	服装材料设计创意与表达

续表

章 / 课时	课程性质 / 课时	节	课程内容
第六章 （12 课时）	设计实践 （36 课时）	四	服装局部设计创意与表达
		五	服装整体设计创意与表达
		六	服装配饰设计创意与表达
第七章 （8 课时）	案例分析 （8 课时）		**· 服装设计大师及创意设计作品赏析**
		一	国内服装设计大师作品案例赏析
		二	国外服装设计大师作品案例赏析

注　各院校可根据自身的教学特点和教学计划对课程时数进行调整。

目 录
CONTENTS

第一章
绪论

课题名称：绪论

课题内容：1.相关概述
2.服装设计的起源与发展
3.服装创意设计的分类
4.服装设计创意的价值

课题时间：8课时

教学目的：了解服装设计创意与表达的相关概念、服装设计的起源与发展及服装创意设计的分类，对服装设计创意的价值有全方位的认知。

教学方式：教师通过PPT讲解基础理论知识，学生在阅读、理解的基础上进行探究，最后教师再根据学生的探究问题逐一分析并解答。

教学要求：1.要求学生全面掌握相关概念界定以及服装设计的起源与发展等基础知识。
2.了解服装的分类及服装设计创意的价值。

课前（后）准备：课前提倡学生多阅读关于服装设计创意与表达的基础理论书籍，课后要求学生通过反复的操作实践对所学的理论进行消化。

服装设计是现代艺术设计的重要组成部分，其文化形态与艺术形态直接或间接影响了当下的流行趋势。从服装设计的发展演变中我们可以看出，不同时期的服装总是不断地被新的服装所替代，直到现在，服装创意设计的脚步仍然没有停止。服装创意设计是服装专业设计的重要环节，是服装设计师专业审美能力及设计水平的象征，也是对服装发展、流行趋势及未来设计风格的表现。因此，对服装设计专业而言，创意设计是培养服装设计师的创造思维与个性风格的重要过程。“服装设计创意与表达”课程就是以引导、启发式教学，通过灵感来源、设计主题分析、服装的转换设计过程和规律，来表达对造型、材料、色彩的创意构思，并通过命题设计和训练，开发学生的想象力和创造力，使其具备在服装设计上更好地把握流行与预测流行的综合能力。因此，我们首先要掌握相关的理论知识，只有将理论与实践完美结合，才能更好地展开服装创意设计。

本章将从服装设计创意与表达的相关概述开始，回溯服装设计的起源与发展，分析其具体的分类和价值，通过系统地了解服装设计的基础知识，为后面服装设计创意与表达的学习奠定基础。

第一节　相关概述

服装设计是运用一定的艺术语言，塑造人的整体着装姿态的过程，它是一种创造性活动。要进行服装创意设计，首先要从服装设计基础入手，只有深入学习服装设计的基础知识，才能更好地进行创意构思和设计表达。虽然创意服装相对夸张，但它仍属于服装设计的范畴，因此，在进行服装创意设计之前，必须正确理解服装设计创意与表达的相关概念。本节内容从服装设计的内涵入手，分析其具体的概念及特征，在了解服装设计相关概念的基础上进一步探究服装创意设计的内涵。

一、服装设计的概念

（一）服装

“服装”就其词意而言，它包含了两层含义：“服”即衣服，是一种物的存在形式。对人而言，其主要功能在于防寒蔽体。而“装”意为装扮、打扮，是一种精神需求。服装可以从两方面理解：一方面，“服装”等同于“衣服”“成衣”，如“服装厂”“服装店”“服装模特”“服装公司”“服装鞋帽公司”等，其中“服装”均可用“衣服”或“成衣”来置换，特别是现在，用“成衣”来更替“服装”这两个字更为确切。另一方面，服装是指人体着装后的一种状态。如“服装美”“服装设计”“服装表演”等，如

图1-1所示，包括人着装后本身所呈现出的一种状态美、综合美。

（二）服饰

“服饰”一词在中国古代文献中较早出现于《周礼·春宫》中的《春宫·典瑞》:“辨其名物、与其用事，设其服饰”，这里的“服饰”一词不仅是指衣服本身，还指连带着衣服之外的装饰和附属品。如图1-2所示，冠帽、手套、围巾、腰带、鞋履、箱包、眼镜、首饰等都属于服饰的范畴，即我们可以理解为服饰是服装与装饰品的统称。

图1-1 服装的状态美、综合美（模特：曲艺彬）

（三）衣服

“衣服”与“衣裳”的意思相同，是指包裹在人体躯干部位的衣物，还包括手腕、脚腕等遮盖物。它与服饰的概念不同，一般不包括冠帽、鞋履等。衣服是指一种纯粹的物质，体现的只是一种“物”的美。

（四）衣裳

古代“衣裳”的概念与现在不同。“衣”一般指上衣，“裳”一般指下衣，即“上衣下裳”。如果“衣”和“裳”两字连用时，意思就是上衣。古代的“裳”指的不是裤子，而是裙。“衣”与“裳”连在一起时，称为“深衣”。现在有关衣裳的概念，可以从两个方面理解：一是指上身和下身衣装的总称；二是按照一般地方惯例所制作的衣服，如民族衣裳、古代新娘衣裳、舞台衣裳等，也特指能代表民族、时代、地方、仪典、演出等特有的服装。

（a）林艺涵设计

（b）王胜伟、翟嘉艺设计

图1-2 服饰

（五）时装

“时装”是指在一定时间、空间内，为一部分人所接受的新颖入时的流行服装，在款式、面料、色彩、图案、装饰等方面追求不断变化创新，标新立异，也可以理解为时尚、时髦、流行且富有时代感的服装（图1-3），它是相对于古代服装和生活中已定型的衣服形式而言的。时装并不特指当下流行的服装，它指的是在不同的历史时期都有与之相对的流行服装。所以，我们可以看出，时装具有一定的周期性。同国际服饰理论界相比，“时装”至少包含三个不同的概念，即Mode，Fashion，Style。

（六）成衣

“成衣”是指服装制造厂商根据一定规格和标准号型所批量生产的衣服。成衣分为高级成衣（Ready-to-wear）和普通成衣（Garments）两大类。

高级成衣是指在一定程度上保留或继承了高级定制的某些技术工艺，以中产阶级为对象制作的小批量多品种高档成衣（图1-4），是介于高级定制（Haute Couture）和普通成衣之间的一种服装成衣类别。国际上的高级成衣以设计师品牌为主，高级成衣设计师必须具有超前意识，能够时刻走在时尚的前沿，体现设计的个性和品位。

普通成衣是指规格化和批量化工业生产的服装（图1-5），其客户群体更加广泛。在款式设计上，普通成衣较多地追寻当下的流行趋势，不过度强调服装的艺术性；在制作工艺上，普通成衣没有高级成衣的工艺复杂，会尽可能地考虑成本因素，采用工厂流水线大批量生产；在面料选择上，普通成衣也会选择成本较低的常用面料，而非需特殊制作的面料。

图1-3 时装［品牌：香奈儿（Chanel）］

图1-4 高级成衣

图1-5 普通成衣

（七）服装设计

“设计（Design）”原意是指针对一个特定的设计目标，在计划的过程中求得一种设计问题的解决方式，进而满足人们的某种需求。而“服装设计”是指在一定的社会、文化、科技等环境下，依据人们的审美需求与物质需求，运用特定的思维形式、审美原理等进行设计的一种方法。通过服装设计，一方面，解决人们在穿着过程中所遇到的功能性问题；另一方面，将富有美观性与创意性的设计理念传递给大众。

根据设计的内容与性质不同，服装设计可以分为服装造型设计、服装结构设计、服装工艺设计、服饰配件设计等。从服装设计的角度来看，服装设计是设计师根据设计对象的要求而进行的一种设计构思，是通过绘制服装效果图、平面款式图与结构纸样图进行的一种实物制作，最终完成服装整体设计的全过程。其中，首先是将设计构思以绘画的方式清晰、准确地表现出来；然后选择相应的主题素材，遵循一定的设计理念和设计原则，通过科学的剪裁手法和缝制工艺，使其由概念化转为实物化。

服装设计主要由色彩、款式、面料三大要素构成。首先，色彩是服装设计整体视觉效果中最为突出的重要因素。色彩不仅能够渲染、营造服装的整体艺术气氛与审美艺术感受，还能为穿着者带来不同的服装风格体验。其次，款式是服装造型的基础，是三大构成要素中最为重要的一部分，其作用主要体现在主体构架方面。最后，面料是体现款式结构的重要方式。不同的色彩、款式需要运用不同的面料进行设计，从而达到服装整体美的和谐与统一性。

在不同风格的服装设计中，对于三大要素的把握程度与强化的角度也有所不同。如图1-6所示，服装设计中的色彩、款式、面料都是与其设计风格相匹配的。因此，在服装设计的过程中须注意，三大要素既是相互制约又是相互依存的关系。

图1-6　服装设计作品展示（林艺涵设计）

二、创意服装设计的概念

（一）创意

“创意”是指对现实存在的事物的认知，经过创作者重新排序衍生出新的抽象思维表达和行为表达。在《现代汉语词典》中的解释是“有创造性的想法、构思等”。在英文中，有Idea和Creativity两层含义。其中Idea的意思为“思想、想法、观念、理念等”，Creativity的意思为“创造性、创造力、创作能力等”。无论是汉语中还是英语中，我们都可以看出“创意”是具有一定创造性思维活动的产物，即一种有思想、有意识、突破传统的创造性行为。

创意是延续人类文明的火花，它让我们把不可能变为可能，把不相关的因素联系到一起，激发出新的生命火花。好的创意是有灵性的，它源于生活，且高于生活。同时，创意是一种从不同角度解读人生和世界的智慧，当我们有了“这样是不是会更好”的想法时，创意便产生了。

（二）创意设计

从字面上理解，“创意设计”由“创意”和“设计”两部分组成。它是以设计的方式将创造性的思想、理念予以表达、延伸、呈现、诠释。创意设计包括工业设计、广告设计、包装设计、建筑设计、产品设计和服装设计等。创意可以不受限制，但设计的转化需要理性分析、具体表达和技术支撑。从现代设计学角度来看，也可以将创意设计理解为：一切突破现实、创新的设计都属于创意设计。换言之，创意是创新设计的范畴，但除了创新之外，也要注重创造性理念和意向表达，以为设计注入灵魂与活力（图1-7）。

图1-7　创意设计案例——仙人掌桌面备忘录

（三）创意服装

创意服装与实用服装不同，它常常打破常规服装理念，用新颖的概念和设计智慧提升服装理念。创意服装既强调设计师鲜明的个人风格，同时也是设计师艺术修养、文化、创新理念和表达能力的集中体现。

创意服装不仅能满足产品本身的使用功能，同时在外观设计上也具有多元化和多层次的思维拓展性。因此，创意服装一般具有造型夸张、艺术感染力强等特征。同时，为了进一步诠释创意服装的设计主题，一般在展示时需要借助模特、灯光、布景等来烘托（图1-8）。

图1-8 创意服装（林艺涵设计）

（四）创意服装设计

创意服装设计是指富有创造性、审美价值较高的服装设计，是在服装的审美性与艺术性达到顶峰时所产生的。它集中反映设计师敏锐的观察力和前瞻意识以及对时尚脉搏的把握。从服装文化的角度来讲，创意服装设计对推动服装文化的发展，引领时尚潮流起着积极的作用。

因此，创意服装设计需要不断创新，而“新”是服装创意的本质属性，服装创意的目的在于“新”，它不仅体现在消费者对“新”形式、“新”款式（图1-9）、“新”结构、“新”造型、“新”材料（图1-10）、“新”色彩、“新”工艺等服装构成的直观感受中，还体现在设计过程中蕴含在设计师脑海中的“新”观念、“新”理念、“新”思想、“新”思维、“新”想法。这些“新”的创意是服装设计作品的价值所在。同时，它也是设计师情感、艺术品位的自然表达。它不仅给人们带来精神上和物质上的享受，也给我们生存的世界带来了日新月异的变化。

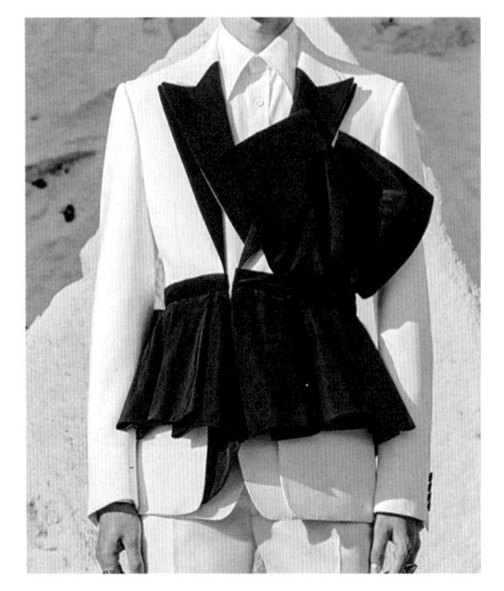

图1-9 西装中的“新”款式

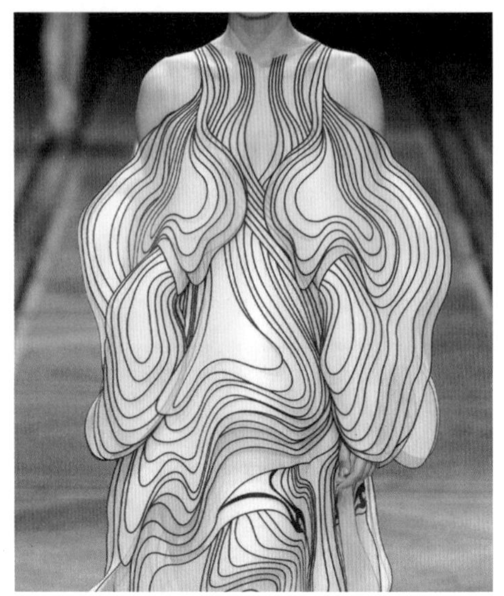

图1-10 采用3D打印的“新”材料［品牌：艾里斯·范·荷本（Iris van Herpen）］

第二节 服装设计的起源与发展

人类服装的历史，经历了一个曲折而漫长的演变过程。服装作为一个国家或民族文明的象征，可以体现其文化、艺术、经济和科技的发展水准。在原始社会中，服装是用来遮身蔽体的最基本的需求；在阶级社会中，服装成为划分社会等级、权力和尊严的标志；在现代社会中，服装则是物质文明和精神文明相结合的产物。在人类由远古文明演进的过程中，服装扮演着重要的角色。社会历史文化的变迁直接影响着服装的变化，每一个历史时期的社会制度、经济基础、科学技术、文化艺术、美学思想、审美倾向等，都会从那个时代的服装中反映出来。因此，本节内容从原始服饰美意识的起源出发，重点讲解服装的起源与服装设计的发展。

一、原始服饰美意识的起源

历史的演进是人类活动的轨迹，在此过程中，人类创造了精彩夺目的各类文明。根据人类学、考古学、地质学等学科学者研究，地球上出现人类的年代推定为二三百万年前，由猿人进化而来。以直立步行为基础而生活的人类，最初全身长满了用来保护身体的体毛，以调节体温、适应环境的生态变化，达到保暖御寒的目的，并度过了冰河时期。但随着历史的发展，人类在慢慢地进化着，部分体毛也逐渐在脱落，渐渐地露出了身体的表皮，人类开始想要利用某种材料来装饰和遮住身体的一些部位，这就是原始服饰意识的起源。研究原始服饰意识起源，探讨原始人类最初审美意识的发生，对人类的过去和现在的衣着生活行为研究，以及设计认识非常有帮助。

人类为何发明衣服，至今仍然没有一个确定的定论。但自人类体毛脱落后，出现了生理的需要，这是确实的因素，特别是人类在直立行走后，前肢可以自由活动，他们开始使用双手制作物品，并且运用逐渐发达的大脑发明用具，使用各种器物工具。最初，他们只是有目的地满足生存欲望的需求，毫无装饰性可言，但在实际生活中，随着技术不断地发展，原始人类利用其发明的器物工具加工自然物质，制作出对自身有防护和装饰作用的“服饰”，这种原始人类最初的服饰意识也渐渐地改善着人类的生活方式。正如恩格斯所说的：“人则以自己所作出的改变来迫使自然服务于他自己的目的，支配着自然。”

德国艺术史家格罗塞（Ernst Grosse）在《艺术的起源》中说：“形象艺术是最原始的形式，它不是指独立的雕刻，而是装饰；而装饰的最初应用就在人体上。所以我们要先研究原始的人体装饰”[1]。原始的人体装饰包括活动装饰、绘身、固定装饰和护身装饰。直到今天，原始的人体装饰在现代原始部落中仍然盛行，如图1-11所示，非洲的苏丹土著以文身作为氏族标志。除文身外，佩饰也是人体装饰艺术不可分割的一部分。原始人类通过对装饰身体形式的不断体验，逐渐萌发了最早的审美意识和最初的形式美感。

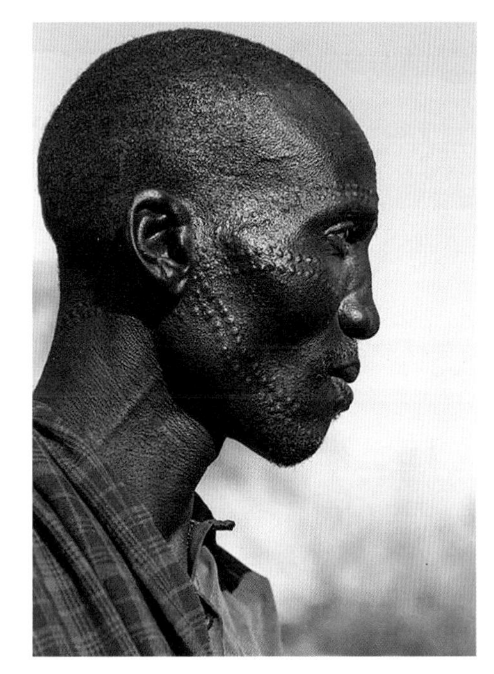

图1-11　非洲苏丹土著的文身

总而言之，佩饰的出现是物质产品向精神产品转化的标志，活动装饰是人类在劳动中产生的最早的一种自我美化的“创作设计”，而以黥面、文身为主的固定装饰，则是寻求永久装饰自我的形式和追求美的有意识的服装行为。

[1] 格罗塞. 艺术的起源[M]. 蔡慕晖，译. 北京：商务印书馆，1984.

二、服装的起源

关于服装的起源，研究学者众说纷纭，各有侧重。从自然科学和社会心理学的角度，服装起源说主要可以分为两类：基于对人体需要的人体防护说和反映社会生活意识的人体装饰说。在这两种类别中，由于研究学者的考察切入点不同，存在着不同的观点。以下是对这几种学说进行的阐释。

（一）适应气候说

所谓适应气候是基于人类生理上的一种客观需要，人类要生存就必须学会如何适应大自然的各种特性，与大自然保持和谐共存。基于这个原因，人们要通过使用具有多种功能的原始服装材料，来有意识地包裹自己的躯体或身体的某一部分，以保证人体的相对舒适、安全。然而，这一学说也有很多研究者持反对意见。例如，在太平洋西部新几内亚岛及其附近岛屿上的巴布亚人，是居住在海拔2000米以上、平均气温只有10℃左右的山区的现代原始人。气温虽然很低，可是那里的男子除了包裹着生殖器套之外全身裸露，女子也只有用树叶编织成的腰饰围在腰间，其他并无用于保护身体的衣物，而在某些热带地区，很多土著人至今还过着近乎全裸态的生活。

（二）身体保护说

身体保护说认为，衣物的产生并非仅因寒冷所致，还为了防止自然界的其他外物对身体的伤害，所以才穿着衣物来保护身体的某一部分。兽类的厚实皮毛具有防护其躯体不受外伤的自然功能，而在长期的实践中，人们为了保护人体皮肤或生殖器官，自然地也学会利用兽皮来包裹自己的部分躯体。

（三）护符说

原始人类生活时期，由于生产力水平极低，人类思想意识还处于萌动状态，所以当时人类还不能理解自然现象和灾难，将其归结为受魔鬼与灵魂的影响。为了避免这些灾难的降临，人们想到了最简单的“抗魔行为”——在人身上佩戴各种样式的护身符，如兽皮、贝壳、虎爪等。他们认为这样就可以避开恶魔的“袭击”，这不仅起到了一定的装饰人体的作用，还成为服饰产生的动力。这种观点与人类学家的新近观点是一致的。

（四）象征说

象征说认为，最初佩戴在人身上的小物件是作为某种象征而出现的，只是到后来才逐渐演变成衣物和装饰品。象征说还特别强调了生活在热带地区的早期人类，他们并不担心寒冷的袭击，也没有羞耻的意识，那么他们为什么也要穿衣呢？正是由于某些材料或形状代表了某种寓意，从而使他们产生了穿戴的愿望和冲动，如羽毛在某些人的心中象征着美丽，兽骨或兽皮在一些人的心目中象征着威猛和力量，某些物品象征着神灵，某些造型又象征着欲望和追求等。将这些东西披挂在人身上便成为服装的初始，又经过历史的发展和演变才逐渐形成了真正的服装。

（五）审美说

审美说认为服装的起源是人类对美的追求所产生的，是内心情感的物质外化。人之所以要穿衣物，是为了美化自身，这是人类想使自身更美丽，用自己认为美的物体来装饰自身的一种本能的冲动。

原始时期的人类是不懂得穿衣的，也不需要用衣服来保护自身，至今还有一些民族过着原始的生活，他们不穿衣服，但懂得装饰自己。原始人类用飞禽的羽毛、植物的枝叶来装扮自己，用彩色的物质来涂抹身体，用刺青、制造瘢痕等方法改变身体，这些都可能是出于对审美的需要。

（六）性差说

也有人把性差说称为“异性吸引说”。持此观点的学者认为，人类之所以要用衣物来包裹和装饰自己，是因为性的差别，即因为男、女两性为了相互吸引对方，引起对方的注意和好感，故而把性的特征装饰得非常突出（有的是夸张、有的是美化）。性差说体现的是原始人类个体通过对外观的修饰及对自我吸引力的表现，以达到吸引异性和自我肯定的目的。这一学说和遮羞说正好相反。

（七）遮羞说

遮羞说认为，人类之所以要进行穿衣行为，用各种方式来遮盖身体，是出于羞耻的心理要求。然而，多数人都认为这个学说是不能成立的，因为羞耻心对于自然裸态的原始人来说是不存在的。他们认为，羞耻心不是产生服装的原因，而是服装产生后的结果。

关于服装的源起是多方面的、是相互连带的，这是由于人类文化的起源是多地缘的，我们不应该将某些现象独立化、个体化，它往往不是某一个独立存在的起源和发展。

三、服装设计的发展

纵观服装设计发展历程，服装经历了从遮羞蔽体走向时尚大舞台的漫长过程。服装的发展与社会的变迁密切相关，服饰文化可以说是社会文化的直观表现。东西方服饰作为世界服饰文化的重要组成部分，其发展变化直接影响着东西方文明的传播与交流。

（一）东方服装设计的发展

在东方服饰的发展进程中，东方传统思想文化中的内敛与含蓄对东方服饰文化产生了深远的影响，同时也造就了东方服饰、端庄风雅的特征，具有极其浓烈的东方审美特性与神秘感。进入21世纪以后，随着社会经济的蓬勃发展，人们对于服装的要求也渐渐转向开放性与自由性。东方服饰的发展也更加呈现国际化与多民族化的发展趋势。最具东方特色的服饰代表有中国的汉服（图1-12）和旗袍（图1-13）、日本的和服、韩国的韩服、越南的奥黛、印度的纱丽、阿拉伯国家的大袍等。

图1-12 汉服

图1-13 民国时期月份牌上的旗袍

图1-14 日本的和服

图1-15 印度的纱丽

1. 中国传统服饰

由于统治阶级的改变，古代中国传统服饰在不同的朝代都发生了阶段性的变化，同时各民族都保有其各具特色的服饰，进而形成了丰富多彩的服饰文化系统。在形制上，中国传统服饰存在上衣下裳型和衣裳连属型两种样式，这两种样式配合使用，具有舒适自由的优点。在装饰纹样上，中国传统服饰通常采用动物和植物纹样，纹样的不同也显示出穿衣者身份地位的高低，纹样的表现有抽象、写实等方法。在色彩上，中国传统服饰通常是以青、黄、赤、白、黑五色为主，其他间色为辅，有着庄重严肃、古朴大方的特点。同时，中国传统服饰在色彩的使用上也有着严格的等级规范，象征着社会身份地位。由此可见，中国传统服饰展示了中庸、矜持、重视礼仪的民族文化，也大大影响了其他东方国家的服饰文化发展。

2. 日本传统服饰

日本传统民族服饰称为“和服”，它是根据中国隋唐时期的服饰演变而来的。和服发展到现在，既保有中国服饰的一些特点，又在此基础上有所改变，形成了独具风格的日本代表性民族服饰。

在中国唐代，随着遣唐使者进入日本，他们把中国的传统服饰也带入了日本。最初，仅仅是得到了达官贵族的青睐，后来这种具有大唐风韵的贵族服饰经过日本人的改造，如把衣袖加长加宽、衣身加长、腰部束紧等，呈现出别具韵味的服饰风格，使人在穿着时可以体现出人体的线条美。在经过这些改造设计后，日本人便将这种服饰确定为日本的民族服饰，即和服（图1-14）。

3. 其他东方传统服饰

除了上述一些极具东方特色的传统服饰之外，还有一些国家的传统服饰也颇为精美。如阿拉伯国家的袍服、泰国的纱笼、印度的纱丽（图1-15）等服饰都具有相当鲜明的风格和特色。

阿拉伯传统男袍通常比较宽松，长及脚踝，男袍多为白色，也有其他浅色，但无深色。当地身份尊贵的男士，在参加正式活动时，还要佩戴一种长可披肩的白色头巾，并在头顶加一圈环箍。阿拉伯男性在穿着传统长袍时，一律只穿拖鞋且不穿袜子。这是由于阿拉伯国家特殊的地理位置，炎热的气候使他们只能穿拖鞋。即使是在出席一些正式的重要场合时，他们的双脚也只穿皮拖。虽然长袍款式相近，但是阿拉伯男性穿着的白色长袍并非都是千篇一律的。

实际上，每个国家大多都有自己特定的长袍款式和尺码，以被称为“冈都拉”的男袍为例，就有不下十种的款式，如阿联酋款、沙特款、苏丹款、科威特款、卡塔尔款等，更有从中衍生出来的摩洛哥款、阿富汗套装等。

冬季阿拉伯男子也会穿着织物质地较厚重的服装，天气特别凉的时候，他们还会戴上一种白色钩编的无檐小帽，称为“加弗亚”或“塔格亚”，再盖上名为“古特拉”的白色棉布，有时候是红白相间的羊毛织物。其中许多服饰的形式都与古希腊时期的服饰颇为相似。从某种程度上来讲，这些服装之间相互影响并有着共同的历史渊源。

（二）西方服装设计的发展

从西方服装发展的轨迹来看，大致经历了两次转折：其一是从古代南方型的宽衣形式向北方型的窄衣形式演进；其二是从农业文明的服装形态向工业文明的服装形态转型。

西方时装起源于法国巴黎，1902 年法国服装设计师保罗 · 布瓦列特（Paul Poiret，图 1-16）通过废除使用了接近两百年的紧身胸衣，参照东方和古典欧洲风格的服装设计出新的女装，并且定期推出自己的时装系列，成为世界上第一位具有现实意义的时装设计师。

图 1-16 保罗 · 布瓦列特

这个时期的一些法国服装设计师，如玛利亚诺 · 佛图尼（Mario Fortuny）、捷克 · 杜塞（Jacques Doucet）、简 · 帕昆（Jeanne Paquin）等大师都对时装的形成和发展起到了重要的推动和促进作用。

1860—1919 年，由于社会的巨大变革，女性强烈要求把自己的身体从束缚型的服装中解放出来。她们热衷于参加社会活动，呼吁女权主义，这股极具“女权主义色彩”的社会潮流推动了时装的发展。其中，女性裤装第一次作为正式的服装呈现在大众眼前，这一里程碑式的发展使女性服装设计产生了重大的变革，并由此衍生出现了一批新一代的时装设计师，如爱德华·莫林诺克斯（Edward Molyneux，代表作如图1-17所示）、让·巴铎（Jean Patou，代表作如图1-18所示），麦德林·维奥涅特（Madeleine Vionnet）等。至此，西方服装设计经历了一个从早期到成熟期的过渡阶段。

图1-17　爱德华·莫林诺克斯代表作

图1-18　让·巴铎代表作

1920—1939年被称为“华丽的年代”，这个时期的西方服装达到了第一个高潮——出现了世界知名的时装设计大师——嘉柏丽尔·香奈儿（Gabrielle Bonheur Chanel，图1-19）。嘉柏丽尔·香奈儿利用品牌为媒介，通过精致考究的设计，使时装成为社会的潮流。1930—1939年，相继出现了另外一些讲究典雅风格的时装设计大师，如尼娜·里奇（Nina Ricci）、阿利克斯·格理斯（Alix Gres）、梅吉·罗夫（Maggy Rouff）、马谢·罗查斯（Marcel Rochas）、奥古斯塔·伯纳德（Augusta Bernard）、路易斯·波朗吉（Louise Boulanger）等。在此期间，女性服装的改革核心从黑色上衣转变为宽大的白色上衣，与上一个十年形成鲜明的对比。值得一提的是，此时电影行业也开始有了突飞猛进的发展，并对当时的时装产业产生了较大的影响，推动了整个时装产业的发展。

1940—1960年，欧洲经历了残酷的第二次世界大战和战后艰苦的恢复阶段。在此期间，虽然时装业受到了巨大的冲击，但依然在困境中有所发展。战后初年，法国时装业在一些设计师如克里斯托瓦尔·巴伦西亚加（Cristobal Balenciaga）、皮尔·巴尔曼（Pierre Balmain）等的领导与号召之下，在发展中不断探索，更加强调优雅风貌，从而使时装设计逐步走向恢复。1947年，时装设计大师克里斯汀·迪奥（Christian Dior，图1-20）以复古优雅的风格，适时推出了“新风貌”（New Look，图1-21），从而被誉为“温柔的独裁者”。除“新风貌”先声夺人的优雅之外，女性内衣的改革也具有里程碑式的纪念意义。

图1-19 嘉柏丽尔·香奈儿

在这个时装设计的黄金年代中，涌现出不少时装设计大师，如休伯特·德·纪梵希（Hubert de Givenchy）、路易斯·费罗（Louis Feraud）、华伦天奴·格拉瓦尼（Valentino Garavani）等。时装设计在这个时期的里程碑式的成就还包括鸡尾酒会服装（Cocktail Dress）和婚纱。由于此时的时装产业已经初具规模，因此时装设计的程序和产业的结构也都开始朝程式化的发展方向大步迈进。

图1-20 克里斯汀·迪奥

在经过优雅的巅峰时代后，西方时装开始进入了动荡时代。在“反文化、反潮流、反权威”的意识形态主张下，这个时期的时装开始逐渐走向“非主流化”，即追求不拘一格的时尚艺术表现。同时也更加突出设计师个人的风格与审美主张，如伊夫·圣·罗兰（Yves Saint Laurent）、安德列·库雷热（Andre Courreges）、皮尔·卡丹（Pierre Cardin）、帕科·拉巴涅（Paco Rabanne）、伊曼纽尔·乌加诺（Emmanuel Ugaro）、卡尔·拉格斐（Karl Lagerfeld）、马克·博昂（Marc Bohan）、盖·拉罗舍（Guy Laroche）、索尼亚·莱基尔（Sonia Rykiel）、玛丽·匡特（Mary Quant）等，他们的设计开创了时装设计的“新异化的时代”，把时装引向了一个更加具有艺术表现韵味与社会思潮结合的新阶段。在当时，时装设计虽然的确具有极强的震撼力和影响力，冲击了主流文化，改变了潮流趋势，但终究是敌不过商业主义的价值潮流。

图1-21 “新风貌”

自20世纪以来，西方服装一直存在于不断变化之中，从“放弃紧身衣”到“露出腿脚”，从“强调曲线美”到“性别概念化”，这些表现方式虽有不同，但追求的目标却始终是相同的。进入21世纪后，当下服装产业也更是呈现出一种多元化的发展趋势。西方独立原创设计师如雨后春笋般层出不穷，不仅引领着各种时尚风格不断前行，也为全球服装产业的进一步发展奠定了良好的基础。

四、高科技与快时尚现状

随着人类社会的发展、科学技术的进步以及物资水平的不断提高，消费者的着装理念发生了根本性的改变。人们不再停留在对服装最基本性能的要求上，而是有了更高层次的追求。基于这个原因，服装由最初的保暖、蔽体、装饰的原始功能逐渐向个性化、舒适化、智能化和功能化方向发展。由于这种需求的改变，带动了开发新型纺织品材料和加工技术的应用，开拓了设计师的思路，大大促进了高科技服装的不断完善和进步。

在现代科技发展背景下，服装设计产业受到了经济、科技、艺术和文化发展的多重影响，其中科技手段的引进与创新能力的提升推动了服装设计行业的变革发展。例如3D打印技术在服装设计中的应用加快了服装设计行业的数字化发展进程，有效缩减了生产设计环节，提高了服装设计的效率与质量。如图1-22所示，荷兰知名设计师艾里斯·范·荷本（Iris van Herpen）将高科技与时尚完美结合，创造出极具特色的3D打印服装。同时，这位设计师也被时尚界誉为“3D打印女王”。

图1-22 艾里斯·范·荷本的3D打印服装作品

快时尚（Fast fashion），从字面上可以理解为快速的时尚。快时尚起源于20世纪80年代的美国，它既是当代服装行业的一种新兴销售模式，又是飒拉（ZARA）、UR（URBAN REVIVO）（图1-23）等快时尚品牌的代名词。快时尚以“快、准、狠”为主要特征。“快”是快时尚的核心，产品更新和商品陈列变换频率快；“准”是指眼光准，一是设计师眼光独到，能抓住潮流风向，二是快时尚在运营上采用款多量少的方式，顾客在挑选商品时，往往看准了就买；“狠”是指品牌之间竞争激烈。我国开放包容的经济环境吸引了众多国际快时尚品牌入驻中国市场。这些品牌对国人的消费方式产生了巨大影响，也使人们开始关注快时尚这个新兴产业模式。

图1-23 快时尚服装——UR（URBAN REVIVO）

在当前经济全球化加速发展的背景下，人们的消费观在不断发生变化。曾经，国际快时尚品牌有着区别于传统服装品牌的主要特征。凭借快速的设计生产、准确把握消费者需求、亲民的价格，吸引了大量中国消费者。在消费升级的今天，“90后”“00后”逐渐成为快时尚服装消费的主体，他们拥有较高的文化水平、活跃的思维以及开阔的眼界，更加追求个性化服装，这让一些国际轻奢品牌抓住商机，占据了市场份额。这些品牌大多是一线品牌的副线，与快时尚品牌不同，它们有专门的设计师设计款，且质量和性价比较高，深受年轻人的喜爱。近几年，随着几个曾经红极一时的国际快时尚品牌相继退出中国市场，国内快时尚品牌开始加速适应当前市场，努力提高品牌自身的核心竞争力，提升知名度和美誉度。

第三节　服装创意设计的分类

在进行服装创意设计之前，设计师需要有明确的设计定位，这个定位可以让设计师在服装创意设计的过程中有明确的方向。服装创意设计依据设计目的的不同，分为不同的类型，从服装创意设计要素入手，一般分为服装色彩创意设计、服装结构创意设计、服装材料创意设计、服装工艺创意设计。除此之外，服装配饰创意设计、服装展示创意设计是从创意服装的整体搭配以及创意服装最终的展示角度进行分类。这些设计类型分别从服装的各个细节上明确创意设计。

一、服装色彩创意设计

色彩在创意服装设计中是最具视觉冲击的要素，它最能表现设计师内心情感，烘托服装整体的艺术氛围。服装色彩的创意设计不是随心所欲的，它需要根据设计目的、服装款式、服装材料等因素进行针对性设计。恰到好处地运用服装色彩搭配，可以使服装呈现出赏心悦目的艺术效果。色彩作为创意服装最直接的视觉语言，它通过不同色彩搭配影响着人们的情感，并且充分体现设计师独特的个人风格。在服装色彩创意设计的过程中，服装色彩需要结合设计主题、设计风格进行搭配，才能够更好地展现创意服装的色彩和谐之美（图1-24、图1-25）。

图1-24　服装色彩创意设计——东方色韵琼琚

图1-25　服装色彩创意设计——东方色韵翠微

二、服装结构创意设计

服装结构创意设计是服装创意设计中的重要组成部分。为了使服装呈现出具有设计感的视觉效果，可以通过创意立体裁剪、创意平面制板等表现方式进行服装结构创意设计。在服装结构创意设计的过程中，一般会采用夸张局部（图1-26）、解构重组（图1-27）、同形异构、局部延伸等设计手法，经过反复多次调整后达到设计意图。

图1-26 服装结构创意设计——局部夸张

图1-27 服装结构创意设计——解构重组

三、服装材料创意设计

服装材料创意设计是指在原有服装制作材料的基础上，选用各种服用面料和非服用面料，运用多种方法对原材料进行重塑改造，使原材料呈现出具有视觉美感的创意材料设计。经过创意设计的材料不仅可以适应服装设计的需求，还可以充分展现设计师的设计意图，增添服装的整体美感。常见的服装材料创意设计的技法有抽纱、镂空、刺绣、印花等。随着时代的进步与科技的发展，越来越多的科技材料被运用在创意服装设计中，这也为服装创意设计的发展创造了更广阔的平台（图1-28、图1-29）。

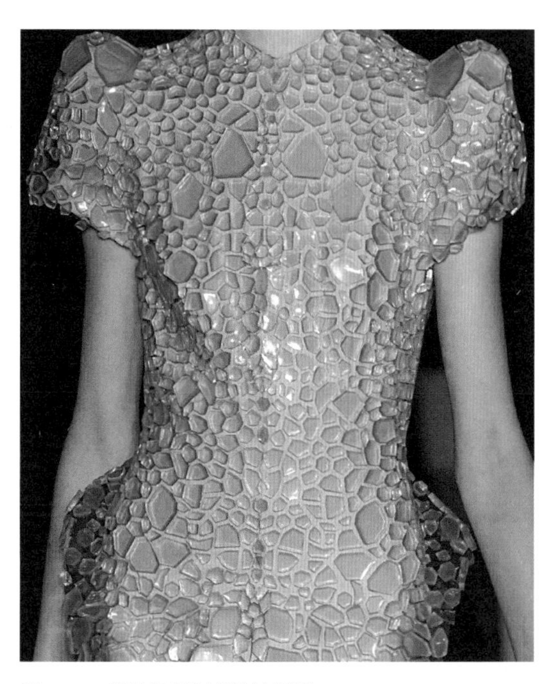
图1-28　服装材料创意设计图例一

图1-29　服装材料创意设计图例二

四、服装工艺创意设计

服装工艺创意设计指的是在创意服装制作的过程中，为了能够呈现出设计师的设计构思，往往需要打破常规的缝制工艺，运用一些特殊的缝制方法获得全新的设计效果。例如，褶裥工艺能改变面料表面的肌理形态，使其质感产生从光滑到粗糙的转变，有强烈的触摸感觉。褶裥工艺还分为单边倒向的规律褶、凹凸立体褶、再造装饰立体褶、圆形褶、多层打褶等（图1-30）。上下起伏的波动、凹凸不平的表面，使服装显得更有内涵、更生动活泼，体现着装者的怡然自得、无拘无束。

图1-30　创意褶裥工艺

五、服装配饰创意设计

服装配饰是服饰不可分割的组成部分，它在服装的整体着装效果中具有重要的装饰作用。服装配饰以其丰富的种类和形态出现在不同的服装风格之中，它能够更好地诠释服装的设计内涵，从而更好地传递服装的创意设计理念。服装配饰虽小，但在服装的整体搭配中是不容忽视的。因此，服装配饰的创意设计必须要把握好服装主体与服装配饰的搭配，理解两者之间的关系，才能对设计起到画龙点睛的作用（图1-31）。

图1-31 服装配饰创意设计案例

六、服装展示创意设计

服装展示创意设计是指在既定的时间或空间范围内，运用空间规划、平面布置、灯光和视觉传达等方式呈现出富有艺术感染力的视觉效果。通过这种展示，有计划、有目的地将展示内容传递给观众，力求对观众的心理、思想与行为产生影响的综合创造性活动。服装展示创意设计一般分为静态展示和动态展示。静态展示（图1-32）主要是针对服装卖场、展厅等空间，服装品牌或设计师通过静态展示树立品牌形象，这种展示方式是最快捷、最直观的一种宣传推广形式，一直被广泛使用。而动态展示（图1-33）针对的是时装表演，是时装模特穿着特制的服装和配饰，在T台上通过走秀表演展示时装的活动。

图1-32 服装展示创意设计——静态展示［迪奥（Dior）梦之设计师展览］

图1-33 服装展示创意设计——动态展示

第四节 服装设计创意的价值

服装设计创意的目的往往是追求一种全新的服装形式和一种全新的着装观念。一个好的服装设计创意，从使用功能的角度来看，虽然不能直接服务于日常的现实生活，但能让人们在欣赏的过程中接受许多新的观念、新的想法和新的形式。这些信息不仅可以更新人们的审美观念、提高人们的审美能力，同时，这些服装设计创意一旦获得大众的普遍认可，就会产生新的流行趋势，带动并促进商业化服装产品的销售，从而获得可观的社会影响和经济效益，为促进市场化服装产品设计的更新带来益处。

一、设计创意的商业价值

在消费升级的新时代，设计创意、时尚产品需要更迅速地缩小与市场的时空距离。让时尚产品与时尚消费之间“零距离”，更快实现创意的市场价值转化，这也是整体时尚产业面临的颠覆性新课题。

例如，2022年盛泽时尚周以“丝韵东方 · 时尚盛泽”为主题，采用“线上+线下”的多维度创新方式呈现，秀、展、赛、会、商五个板块，邀请了众多知名行业专家和设计师参与，并通过战略合作引进大量的资源，结合苏州盛泽本土优势商业资源，打通时尚产业链的采买壁垒，着力帮助品牌实现商业落地，为“设计商业化”定位打下坚实基础。同时深入运用数字化、大数据等信息技术，实现“即秀、即量、即扫、即买”等展示、销售一体化功能。品牌商、供应商、时尚买手等多方资源相互匹配，设计师们的最新季作品直面消费者的审核、选择。时尚创意产业的兴盛，最大限度地释放出服装设计创意的商业价值。

时尚发布会上极具创意性和审美性的艺术性服装既显示了设计师的创造才华，提升了品牌的影响力和知名度，同时带动并促进了实用性服装产品的销售，满足目标需求，产生巨大的经济效益，反之，这些效益又为更多的艺术性服装的生产提供了雄厚的经济基础。服装的设计创意是一种决定性的生产力，也是服装品牌的核心要素，同时设计创意更是提升品牌附加值的重要手段。

二、设计创意的精神价值

随着时代的发展，物质生活的提升催生了人们对精神文明的需求高涨，人们不再满足于纯粹实用的或简单普遍、没有个性审美的服装设计，需要的是附着于这些设计作品之上的个性化、情感性和艺术化的带有神秘色彩的精神价值概念的创意服装设计。

创意服装设计作为一项带有浓郁艺术性的工作，讲究原创性是其基本要求，也是体现其价值的根本因素。创意服装设计中的创新内容较为广泛。既包含色彩上的新效果、新变化，造型上的新形态、新结构，材料上的新处理、新结合，也包含穿着形式上的新搭配、新思路。因此创意服装设计往往带有较强的艺术审美价值和艺术感染力。

服装设计创意的精神价值主要体现在审美价值上。第一，审美价值具有鲜明的个性特征。如今，服装在形制上限制要求越来越少，突出个性的需求越来越高。尤其是面对青少年这一消费群体。在服装设计的创意表现中，我们常会看到一些另类且美的设计，比如不对称的设计（图1-34）、破旧的面料肌理、不同色彩的大胆拼接（图1-35）。将传统上的“美”进行部分舍弃，让“美”更加视觉化，这种另类的审美价值源于创新的构思，能让“美”深入人心。第二，符合时代潮流。受后现代主义强调艺术性、审美内涵和注重设计与生活关系的影响，当代的审美观念表现出注重抽象化、简洁性、强冲击力、民族化和个性化的倾向。服装的设计也是如此，在当代审美的影响下，强调突出个性的同时，也要符合时代潮流共性。服装与时尚、潮流、时代精神、艺术等因素紧密联系，各种理念的更新会直观地反映在服装的设计与创意中，迎合了不同时代的审美趋向。第三，能够激发起人的审美感受。服装的艺术美感作为其价值的一部分，表现在能够给设计师、着装者与着装形象受众三者都带来最大限度的审美感受，这种评价是对设计者的更高层次的要求，很多设计作品还达不到这种境界，没有充分体现设计中的创意构思。好的服装设计创意加入了一些个性化的美，也从材料、造型、色彩和工艺等各个角度展现出服装的综合美感，形成全面的审美感受。

图1-34　不对称设计

图1-35　不同色彩的大胆拼接

三、设计创意的学术价值

服装设计创意作为一种新的服装设计形式和新的着装理念，在服装设计中占有极高的地位。作为一种艺术形式，创意服装设计映射出社会、历史、文化等现象。服装设计创意的学术价值、商业价值和精神价值逐渐被人们所认识，优秀的服装设计创意不但可以为社会和商业服务，甚至可以让服装成为具有收藏价值的艺术品，被美术馆、博物馆等文化机构作为珍品收藏。一些珍贵的创意设计作品会在博物馆进行展览，例如中国丝绸博物馆在2018年就展出了近三十年中一些著名设计师在历届“兄弟杯”“汉帛杯”获奖的创意服装设计作品。还有德国著名服装设计师卡尔·拉格斐（Karl Lagerfeld）、英国著名时装设计师亚历山大·麦昆（Alexander McQueen）、中国著名服装设计师郭培等，用各自独具风格的语言形式记载了他们所理解的创意服装设计，成为无数时尚经典的见证。如图 1-36、图 1-37 所示，这些作品被收藏而不是被遗忘，成为后人永恒学习的典范。

图 1-36　亚历山大・麦昆设计作品

图 1-37　郭培设计作品

在创意服装的设计与开发方面，中国传统文化的价值是显而易见的。现在已有一些从事创意服装设计的设计师应用我国传统的蜡染、扎染、印染、刺绣等技术，并提取传统纹样元素，创造、设计、制作各类现代创意服装，其魅力无穷，有很强的观赏性、艺术性和学术价值。例如，戏曲服装荟萃了许多我国传统文化的精华，戏曲服饰中的许多元素，如纹样、款式、面料、色彩、配饰、细节等都可以在当代设计中加以运用。在中国风大行其道的今天，国内外服装设计师在中国传统戏曲灵感的运用方面进行了一定的尝试，为创意服装的设计创作提供丰富的创作灵感，让中国戏曲服饰文化得以传承的同时，给予当代服装设计更新、更具有时代特色的完美诠释。

本章小结

■ 服装设计是运用一定的艺术语言，塑造人的整体着装姿态的过程，它是具有一定创造性的活动。

■“创意”是指对现实存在的事物的认知，经过创作者重新排序衍生出新的抽象思维表达和行为表达。

■“创意服装”与实用服装不同，它常常打破常规服装理念，用新颖的概念和智慧提升服装理念。

■“创意服装设计”是指富有创造性、审美价值较高的服装的设计，是在服装的审美性与艺术性达到顶峰时所产生的一种设计。

■ 社会历史文化的变迁直接影响着服装的变化，每一个历史时期的社会制度、经济基础、科学技术、文化艺术、美学思想、审美倾向等，都会从那个时代的服装中反映出来。

■“服装创意设计”依据设计目的的不同，可分为不同的类型，从服装创意设计要素入手，一般分为服装色彩创意设计、服装结构创意设计、服装材料创意设计、服装工艺创意设计。除此之外，服装配饰创意设计、服装展示创意设计是从创意服装的整体搭配以及创意服装最终的展示角度进行分类的。

■“服装创意设计”作为一项带有浓郁艺术性的工作，讲究原创性是其基本要求，也是体现其价值的根本因素。

■“服装设计创意”是一种决定性的生产力，也是服装品牌的核心要素，设计创意更是提升品牌附加值的重要手段。

思考题

1. 服装设计与创意服装设计的区别是什么？
2. 服装的起源有哪几种学说？
3. 简述服装创意设计的分类。
4. 简述服装设计创意的价值。

第二章
服装设计创意基础理论

课题名称：服装设计创意基础理论

课题内容：1.服装设计创意的构成要素
2.服装设计创意的基本原则
3.服装设计创意的形式美法则

课题时间：8课时

教学目的：引导学生了解服装设计创意的构成要素、服装设计创意的基本法则，体会不同形式美的服装之间的区别。

教学方式：理论讲解与课堂讨论相结合，教师通过PPT及实物演示的方法，引导学生讨论服装设计创意的基础要点。

教学要求：1.要求学生掌握服装设计创意的三个构成要素以及基本原则。
2.了解服装设计创意的形式美法则并能运用在相应设计中。

课前（后）准备：课前提倡学生查找资料、多观看一些经典的服装设计，通过复习对服装设计创意基础理论进行回顾。

创意是新奇的、独创的一种创造性意识。因此，创意以新颖性、独创性为主要特征。人类从事各项活动都离不开创意，创意使人的自我价值得以实现，使人类文明脚步不断前进。就服装设计而言，不断创新是服装设计转型升级的重点，也是提升服装设计感、附加值、竞争力的关键。服装设计创意不同于学习其他学科知识和技能；服装是技术和艺术结合的产物；要善于运用多方位思维方式；服装设计师不仅需要具备敏锐的时尚嗅觉，还应具备创新设计理念。因此，在掌握服装设计创意的要点时，需要先对服装设计创意的基础理论知识进行系统的学习。

服装设计师只有在掌握了基础理论之后，才能更好地发散思维、突破传统、发挥创造力。因此，本章内容将从服装设计创意的构成要素、服装设计创意的基本原则、服装设计创意的形式美法则三个方面来阐述服装设计创意的基础理论知识。

第一节　服装设计创意的构成要素

服装设计创意的三个构成要素分别是色彩、款式、面料，这也是服装设计的三个基本方面，这三要素对于服装设计创意而言至关重要。在服装设计创意中，服装设计师需要合理分析不同情境下的变化，对服装的三个要素进行相应的设计和处理，充分结合三要素来完成每一件服装创意设计作品。服装的色彩、图案、材质风格等是由服装材料直接体现的，服装的款式造型也需要依靠服装的材料厚薄、轻重、垂坠性等因素来表达，三要素之间是相辅相成的关系。

一、色彩要素

服装的色彩要素是服装设计创意中的一个重要方面。色彩具有三个重要属性，即色相、明度和纯度。如图2-1所示，色相环展示出色彩的不同色相、明度和纯度。这三种属性是人们认识和描述色彩的基本语汇。同时，色彩的冷与暖、轻与重、兴奋与冷静、膨胀与收缩等物理特征都能影响人的心理状态。服装设计创意中色彩设计的关键是和谐，此外，很多因素都能影响色彩在服装上的呈现效果。

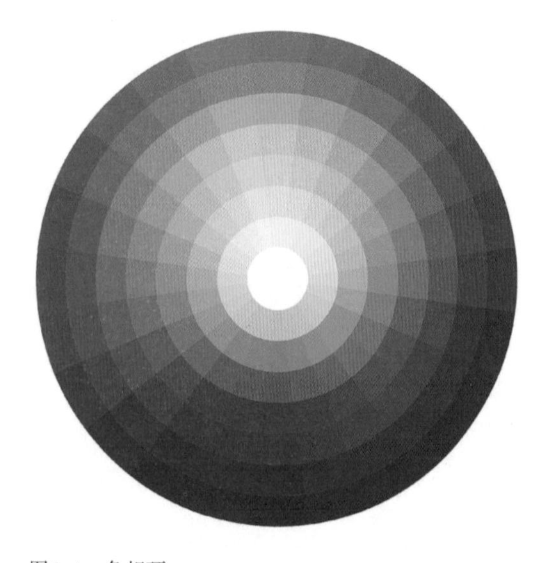

图2-1　色相环

色彩要素在服装设计创意中的表现效果不是绝对的，适当的色彩搭配会改变原有的色彩特征以及服装风格，从而产生新的视觉效果。服装色彩的整体设计还会受服装的款式、材料，消费者的性别、年龄、性格、肤色、体型、职业以及社会大环境等因素影响。如图2-2、图2-3所示，低纯度、高明度的蓝色与高纯度、低明度的蓝色服装就呈现出不同的风格，可以看出低纯度、高明度的色彩在对比中更显年轻与活力。

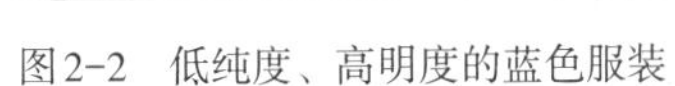

图2-2　低纯度、高明度的蓝色服装

图2-3　高纯度、低明度的蓝色服装

国内外有众多色彩趋势网站，服装设计师需要多关注色彩流行趋势，可以帮助其设计出更适应当下潮流的时装。如潘通（PANTONE）色卡是享誉世界的色彩配方指南，涵盖印刷、纺织、塑胶、绘图、数码科技等领域的色彩沟通系统，潘通公司在每年都会发布下一年的流行色，设计师通过对于流行色的掌握，可以更好地设计出符合市场受众需求的服装。除此之外，还有POP服装趋势网、WGSN、蝶讯服务网等服装设计信息资源网站，都能够在设计师进行服装设计时给予一些色彩灵感。

服装设计创意的色彩要素与时代、社会、环境、观念等因素都有着密切的关系，所以在研究服装设计创意的构成要素的同时，还需要关注时尚、流行、社会观念和审美思潮的变化等诸多因素。这样才能设计出时尚、创意且符合时代发展的服装。

二、款式要素

服装的款式要素也称为“造型要素”。服装的款式要素可以分为外部要素和内部要素。外部要素指服装的外部款式，内部要素则是指服装的内部款式。外部款式是指服装外形的轮廓，它像是逆光中服装的剪影效果，也称为“外轮廓型”“侧影”“剪影”，英文称为Silhouette或Line。内部款式是指服装的内部造型，主要由服装中的零部件和内部结构两部分组成。

（一）外部款式类型

服装造型的总体印象是由外轮廓决定的，它进入视觉的速度和强度高于服装的内轮廓，是服装款式设计的基础，也是服装款式设计的第一视觉要素。它包含着整个着装姿态、服装造型以及所形成的风格和气氛，是进行服装设计时非常重要的表现要素。它是服装造型特征最简洁明了、最典型的标志之一。在服装构成中，有限的服装廓型可以通过层次、厚度、转折以及与造型之间的关系等创造出千变万化的服装款式。服装廓型也是时代风貌的一种体现，例如19世纪20年代服装以H形廓型为主，19世纪50年代流行的X形廓型，流行款式演变最明显的特点就是廓型的变化。现代设计师们的创意设计开始从二维平面向三维立体的方向发展，着重于对服装立体廓型的塑造。

现代时装的廓型变化丰富，创新多样，总的来说各种服装的外部造型可以简化为以下三种类型。

1. 直身型

直身型的服装以平肩，不强调服装的肩部、腰部及臀部等位置为主，使面料在人体上尽量自然下垂。直身型的款式代表为H形，也称“长方形”（图2-4）。

2. 修身型

修身型服装以S形、X形为代表，收紧服装腰部，其特征为突出胸部、臀部或撑开下摆等。多用于强调女性体型特征，展现女性丰胸窄腰的婀娜身姿（图2-5）。

3. 大廓型

大廓型的服装以增大服装的外

图2-4 直身型

图2-5 修身型

轮廓，提高服装内部空间为设计核心。通过控制服装与人体之间的松量来控制服装大廓型的走向。以O形、A形、T形为主（图2-6）。

（二）内部款式类型

服装款式要素中内部款式也十分重要，内部款式是指服装的内部造型，即外轮廓以内的零部件的边缘形状和内部结构的形状。例如领子、口袋、门襟等零部件和衣片上分割线、省道、褶裥等内部结构均属于内轮廓的范围。理论上，每套服装只能有一个外部廓型；但是在其外部造型的基础上，服装的内轮廓却有多种设计，这样的设计不仅可以增加服装本身的功能性，还可以使服装更加符合形式美法则。设计师的设计能力和对流行信息的掌握程度可以直接通过服装内部款式设计展现。

与服装内部款式设计相比，服装外部廓型的设计比较单一和稳定。内部款式设计能够给服装设计师以无限的想象空间和广阔的发挥空间，设计师可以从服装的细节和局部上寻找设计突破点，如省道线（图2-7）、褶裥线、分割线（图2-8）等都会使得服装内部造型更加丰富。

图2-6　大廓型

图2-7　服装上的省道线

图2-8　服装上的分割线

三、材料要素

服装材料同服装一样，既是人类文明进步的象征，又是文化、科学、艺术宝库中的重要组成部分，服装材料要素主要分为以下两个方面：服装面料（图2-9）和服装辅料（图2-10）。在构成服装材料中，除了主体面料外，其余部分均为服装辅料。服装辅料包括的内容有里料、衬料、垫料、填充材料、纽扣、拉链、勾环、绳带、商标、花边、号型尺码带以及使用示明牌等。[1]

图2-9 服装面料

图2-10 服装辅料——拉链

服装的色彩、款式和材料虽是构成服装的三要素，但是服装的材料却能够直接体现出服装的色彩，服装的造型也受服装材料的限制。服装材料的色彩、厚度、肌理、硬度等特点直接影响了服装的整体风格。此外，服装材料的装饰性、覆盖性、可加工性、舒适性、保健性、耐用性，以及价格等直接影响了服装的受众和销售情况。因此，服装材料是服装设计创意的基础。服装材料作为组成服装设计创意的要素之一，是实现服装设计创意成品化的物质基础，其既要满足设计上的创意需求又要满足设计上的造型需求。因此，进行服装设计必须熟练掌握日新月异的服装材料的有关知识。材料是服装设计创意的载体，从事服装设计对服装材质熟悉是服装设计师必备的基本素质之一。

第二节 服装设计创意的基本原则

服装设计整体美感的产生与形成，无论其造型要素如何多变、多面，都离不开服装设计的基本原则，创意服装设计也不例外。实用、经济、美观是服装设计的最基本原则，除此之外，TPWO原则在进行创意服装设计的过程中也至关重要。掌握这些基本原则，可以让设计师更好地投入服装设计的工作中，为今后的创意服装设计打下坚实的理论基础。

一、实用原则

“实用”被排在各项基本原则的第一位，说明了其在服装设计创意中的价值和重要

[1] 李正，徐崔春，李玲，等. 服装学概论[M]. 北京：中国纺织出版社，2014.

性。如果服装缺少了实用性这一要素，往往会被自然地淘汰。纵观整个服装史的发展，可以看到这样一个规律，即“有用发展，无用退化”，这正如达尔文所说的“物竞天择，适者生存”。所谓“适者”，表现在服装上就是服装的实用原则。

服装必须满足穿着者的基本需求，具有功能性，此外，还应能反映穿着者的身份、职业和文化内涵。

对于“实用”可以从两个方面来理解，从广义上可以理解为“适用”“有用”“顺应”等，即对环境的适应性、对人体的适宜性。环境包括自然环境和社会环境。从狭义上可以将实用理解为服装的各种机能表现，包括服装的款式合体、材料适宜、色彩美观等。[1]

服装史表明，美的服装和款式一定是有用的或是曾经有用的。任何服装如果不能恰当地满足功能要求就不能认为是美的，如果一件服装满足了功能要求，它就因这一事实而是美的。[2]

综上所述，服装的实用原则需要根据人类的需求来决定，没有一成不变的需求，也没有一成不变的实用性。所以，设计师在进行服装创意设计时，需要根据人类不断变化的实用需求来进行相关的服装设计创意。

二、经济原则

经济原则作为服装设计原则中的第二原则，是实现服装价值的手段，是服装产业运行的根本，也是推动服装产业发展的第一生产力。对于服装设计来说，经济原则主要有三个层面：衣料性能、加工工艺和市场价位。其中市场价位的策略属于生产管理，是服装产品的档次定位。

设计师在进行服装设计时需要充分考虑面辅料的成本、面料耐劳度、量产时的效率以及生产管理的难易程度等。人们是先功利而后审美的，一件服装已经达到了实用原则后，人们就会开始考虑其经济原则。

三、美观原则

美观原则是指服装具有装饰和美化穿衣者的作用，服装从诞生之日起，就与美结下了不解之缘。服装设计师对于服装之美各有见解，而美是什么？这个问题至今仍有分

❶ 李正，徐崔春，李玲，等. 服装学概论[M]. 北京：中国纺织出版社，2014.
❷ 闫洪瑛. 略谈服装的经济原则[J]. 艺术教育，2018（24）：138，139.

歧，西方美学先驱、古希腊哲学家苏格拉底曾说："美是难的。"在此后的两千多年里，无数美学家对此争论不休。

爱美之心，人皆有之。无论男女老少、职业阅历、文化程度，人们对美皆有自己的看法。对于服装设计来说，衡量和评判美与不美，可分为三项标准：第一，实用标准。美的服装是有用的、可穿着的，或其款式是曾经可穿着的。第二，工艺标准，美观的服饰要发挥面料和工艺的优势。第三，形式标准。美的服装在廓型、构成、色彩搭配等方面是要求较高且精益求精的。在设计时，应注意对形式美法则的应用，使服装整体和谐美观。所以，美观原则作为服装设计原则的最后一项原则，也是至关重要的。这就需要设计师具有一定的审美能力以及设计水平，在结合了服装色彩、款式、面料等元素之后，才能设计出具有一定美感的服装。

四、TPWO原则

TPWO原则是国际公认的衣着标准。TPWO是英文Time、Place、Who、Object的首字母缩写，分别对应时间、地点、着装者、目标。即着装应该与当时的时间、所处的场合、穿着者的身份以及目标相匹配，是着装恰当性的表现。遵循TPWO原则，会使穿着打扮合于礼仪规范，凸显着装者的风范和教养。

（一）T（Time）原则

T原则即时间原则，可分为两种情况：一种是时令季节的区分，即春夏秋冬；另一种是具体的时间，如白天、晚上。在欧美国家有按照时间来换衣服的传统习惯，如晨礼服、午后礼服、晚礼服等。虽然这些传统观念在日常生活中已经越来越淡薄，但是在一些正式的场合，作为一种礼仪教养还是颇受重视的。服饰应顺应时代发展的主流和节奏，不可太超前或太滞后，着装打扮还应考虑季节气候的变化，夏季应轻松凉爽（图2-11），冬季应保暖舒适（图2-12），春秋两季应根据天气增减衣服并注意防风，着装还须根据早中晚的气温变化以及是否有活动来进行调整。

（二）P（Place）原则

P原则即地点原则，指着装打扮要与人所处的场所、地点、环境相适应。如考虑南北方气候差异，不同地区的风土人情、社会环境等差异。如在寒冷的地方自然要穿着厚重一些，在温暖明媚的地方须穿着轻薄一些；在工作场所中应该穿着轻松方便的职业服，在家里可以穿着宽松舒适的家居服，在晚会上可以穿着隆重华丽的礼服。在不同的地点穿着与之相匹配的服饰才不会显得突兀和不美观。

图2-11　适合温暖地点的服装

图2-12　适合寒冷地点的服装

（三）W（Who）原则

W原则即着装者原则，即谁穿着、什么人穿着，这里的“人”指的是具体的人，如张三、李四，是个有血、有肉、有思想的人，由于每个人的生活态度、个性追求、文化修养、艺术品位、兴趣爱好、性格特长、职业范围、经济力量、身体素质等各方面不一样，对服装的要求就不一样，所表现出来的状态也各不相同。在服装设计之前，我们要对人的各项因素进行分析、归类，才能使设计有针对性和定位性。充分了解着装者主体，进行有针对性的设计，是进行服装设计时不可忽视的一个重要方面。

（四）O（Object）原则

O原则即目标原则，即为了什么而穿着，根据目的用途不同，对服装的要求自然也不一样，如接待宾客，需要穿着正式得体（图2-13），进行体育锻炼，就需要穿着贴身舒适（图2-14）。参加宴会与体育锻炼，目的不同，着装就要进行区分。

TPWO原则并不是一成不变的，而是一种具有可变通性的灵活原则，体现出TPWO原则的包容性。在借鉴和发展TPWO原则的过程中，由于各国传统文化、生活习惯、地理因素等的不同，自然会融入许多新的观念，能够使TPWO原则在更大的范围内扩展其外延，使之可以适合更多元化的日常。

图2-13 适合出席正式活动的服装

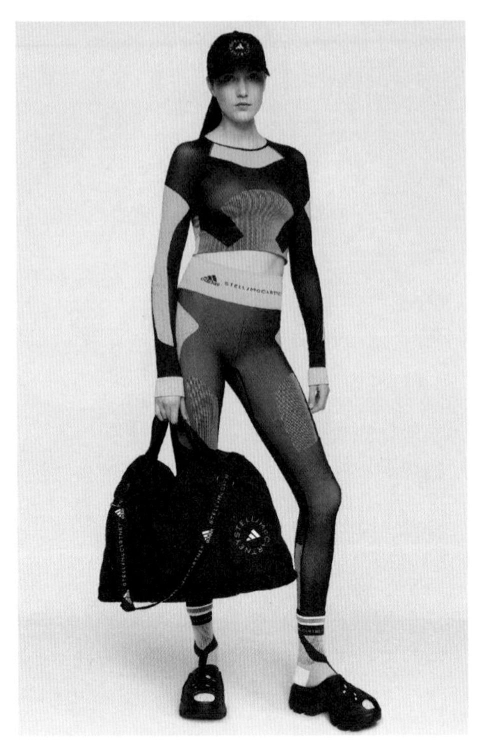

图2-14 适合参与体育锻炼的服装

第三节 服装设计创意的形式美法则

在服装设计中没有固定的搭配模式，对于美与丑的评判多数人是具有一定共识的，而形式美是人们创造美时所遵循的一种艺术形式，是我们对生活中的美进行分析、拆解、结合等形式化的总结。形式美贯穿于生活中的各个方面，如建筑、绘画、影视、雕塑、设计等。作为服装设计师，需要深入学习并掌握服装设计创意形式美这种艺术形式以及它所包含的设计原理，它是人们创造美感的艺术依据。在服装设计创意中需要用到的形式美法则主要包括：变化与统一、对称与均衡、节奏与韵律、比例、视错、强调以及仿生造型等。

一、变化与统一

变化与统一是构成形式美的重要法则之一，它不仅是服装设计创意最基本的法则，也是整个设计艺术中的通用法则。变化是指将相异的单元构成元素进行排列组合后结合运用，形成明显的对比与差异之感。变化是多样的、灵活的、具有动感的，而差异与变化通过相互作用使整体设计达到协调，使相互对比在有秩序的关系之中形成统一（图2-15）。

图2-15　变化的服装

统一也称“一致”，与调和的意义相似。在创意服装设计的过程中，往往以调和为手段，达到统一的目的。在好的设计中，服装上的部分与部分间、部分与整体间各要素质料、色彩、线条等的安排，应具有一致性（图2-16）。如果这些要素的变化太多，则破坏了一致的效果。统一与协调是构成形式美的主要法则之一，它不仅是服装设计最基本的法则，也是整个设计艺术中的通用法则。

统一与变化是构成服装形式美的最基本的构成方法，是形式美构成的基本法则，统一与变化是密不可分的两个构成元素，我们在进行服装设计时，既要考虑到服装的款式造型、面料肌理、图案的变化，又要避免各部分构成元素的凌乱排放、缺乏统一的秩序。所以在追求秩序美的同时也要防止各个元素缺乏变化导致的呆板，统一与变化并不是对立的，而是在宏观的基础上相辅相成的，应在变化的节奏中追求统一、在统一的节奏中追求变化。

与此同时，在进行服装设计时不宜过度追求统一，以免造成生硬刻板之感。在统一的基础上也要注意变化，变化的合理运用可以使服装设计显得更富有创意，也更活泼。

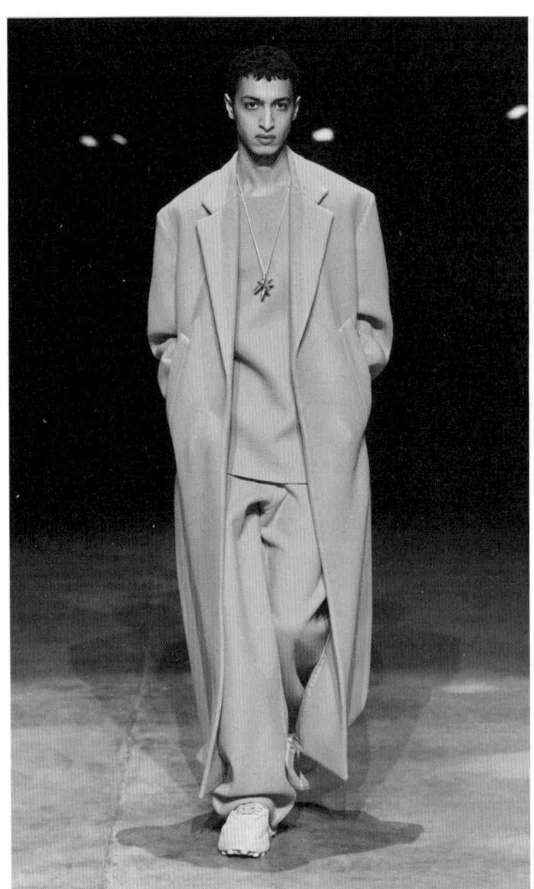

图2-16 色彩统一的服装

二、对称与均衡

（一）对称

对称又称为“对等”，指设计过程中相同或相似的形式要素之间因相互组合关系而形成的平衡。对称表现出的效果是成品的各个部位的空间布局和谐，即每个部分相对应。生物的基本形大多是对称的，但是因为运动，这种对称也会发生变化，人的形体在相对意义上也是左右对称的，因此服装设计的形制也基本采用左右对称的方法。左右对称具有规则的、庄重的、严肃的、权威的、神圣的美，同时也会显得拘谨、呆板。在服装设计中采用较多的对称有左右对称、回转对称和局部对称等，对称运用在服装设计创意中能够给人以庄严、肃穆、和谐之感（图2-17）。例如，我国的中山装也是左右对称的。

图2-17 对称原则服装

图2-18 均衡原则服装

（二）均衡

均衡也称“平衡”，两个及以上的要素取得均衡的状态时即可称为“平衡”。在力学上均衡是指重量关系，但在设计中，则是指感觉上的大小、轻重、明暗以及质感等均衡的状态。在服装设计创意中主要有两种均衡形式：对称均衡和不对称均衡。这两种均衡形式表现出来的效果为安定、沉稳的高贵感或放松、愉悦的新鲜感。在服装设计创意中，虽双方的设计要素不对称，但在视觉中却不会给人不和谐或不稳定的感觉（图2-18）。在服装平面轮廓中，要使整体的轻重感达到平衡效果，就必须按照力矩平衡原理设定一个平衡支点。由于人的身体是对称的，这个平衡支点大多选在人体中轴线上。对于门襟不对称的款式，门襟上的某一点常常被选作支点。

对称与均衡是互为联系的两个方面，对称能够产生均衡感，而均衡又包括了对称的因素在内。对称与均衡虽是两个不同的概念，但是两者在形式美法则中具有同一性、稳定性。均衡的造型手法常用于童装设计、运动服设计和休闲服设计等，而对称的造型常用于制服、工装、校服、礼仪服等。

三、节奏与韵律

节奏本是用来描述音乐、舞蹈等时间性艺术的术语。在服装设计中，节奏主要指服装各要素之间恒定的间隔变化，可以是有规律也可以是无规律的，例如反复、交替、渐变等。间隔按照几何级数变化时，就产生了很强的节奏，变化过大就会缺乏统一感。我们可以看出：图2-19比图2-20的节奏感更强，由于图2-21插入了异质的形态，所以节奏感被削弱了。图2-22在图2-19的基础上加入了线段长短的变化和反复，表现出空间和时间的三次元节奏感。

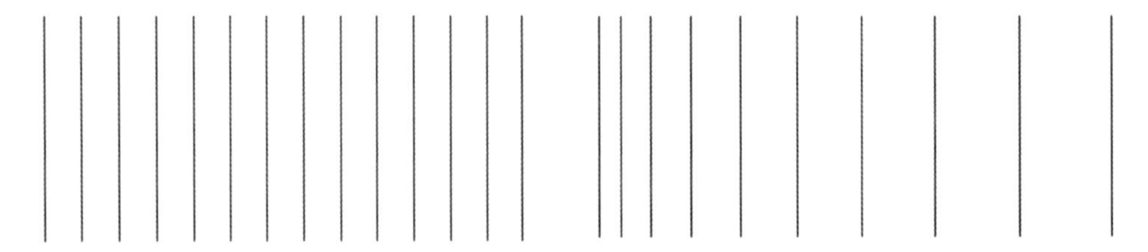

图2-19 统一的节奏

图2-20 变化更大的节奏

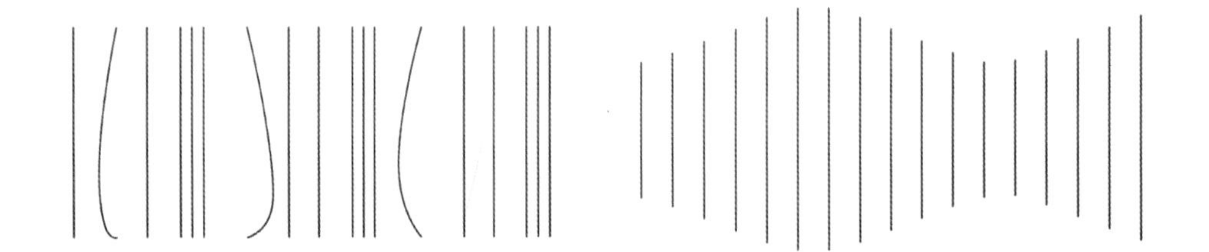

图2-21 加入异质的节奏

图2-22 表现出三次元的节奏

韵律是在节奏基础上的律动变化，在人的视线随造型要素的变化而移动的过程中，所感受到的要素的动感与变化，就产生了韵律。高低起伏、抑扬顿挫、悠扬婉转等都体现出一种服装的韵律美。通过节奏与韵律的设计，可以使服装产生有规律、有秩序的美感（图2-23）。如衣身的结构线分割、色彩的大小与比例、装饰的分布等。

四、比例

比例是体现各事物间长度与面积等关系的术语，如局部与局部、局部与整体之间的数量比值。在艺术创作和审美活动中，比例实际上指的是各形式对象内部各要素之间的数量关系。在服装设计创意中的比例就是指服装各部分尺寸或大小之间形成的对比

图2-23　韵律原则服装

图2-24　比例原则服装

关系。如上装与下装的尺寸分别为40cm和120cm，那么上装与下装的比例就为40∶120或1∶3。还有口袋与衣身大小的关系、衣领宽窄等都应适当。处理好服装整体与部分、各类装饰、色彩、材料等之间的比例，对于服装设计创意来说是至关重要的（图2-24）。

关于比例关系取什么数值更有视觉美感，自古以来研究者的立场不同，所得出的结论也不一样。比例关系大体可以分为三种情况：基础比例法、黄金分割比例法、百分比法。西方人提出的“黄金比例”，又称“黄金定律”。如图2-25所示，这是一种特殊的比例，即把一个整体一分为二，其中较大部分的占比与较小部分的占比为1∶1.618，大约为三分之二、五分之三、八分之五等。黄金比例的发现对于服装设计创意的美感具有很大价值，对于服装设计师的创意实践有一定的积极意义，但是在服装创意设计时不应拘泥于此，其他各种形式的比例均有其美学价值与意义，可以呈现出不同的美感。服装设计师在进行比例的设计时，应结合自身实际，考虑其整体风格来进行设计。

五、视错

视错是由于光的折射、反射关系，或是由于人观

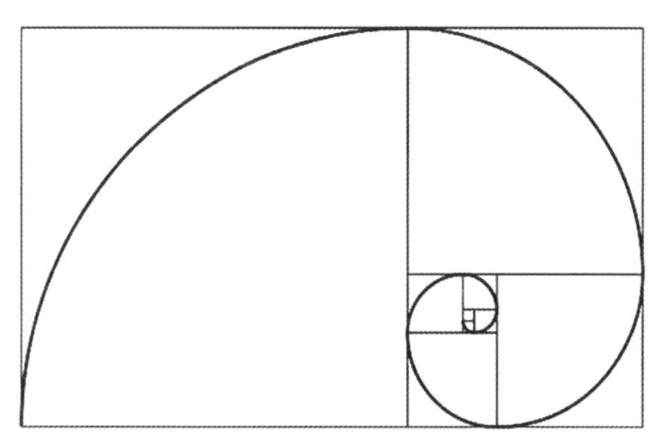

图2-25　黄金比例

看物体的视角、方向、距离的不同，以及个人感受能力的差异，而造成人们视觉判断的错误，这种现象被称为“视错”。常见的视错包括尺度视错、形状视错、反转视错、色彩视错等。正确地掌握各种视错现象，有利于设计师在设计服装时创造出更为理想的作品。服装的视错主要分为两种：色彩视错和图形视错。

（一）色彩视错

色彩是物体的固有属性，由于物体自身的特质，会对不同波长的光线进行不同“处理”，而光在不同色彩组合下又会进行干涉与衍射，将本来的单色光变得更为生动。颜色对光的“处理”，可以改变人们对物体的主观感觉，使得感受与实物产生偏差。合理运用色彩错觉，能够使设计扬长避短，起到修饰形体的作用。色彩的冷暖、明度、纯度在不同程度上会给人前进与后退、膨胀与收缩的心理感觉（图2-26）。有些简单的颜色搭配实际并非等分，但给人感觉是平衡的。在服装设计中服装的色彩会通过视觉语言让人产生不同的心理效应，从而产生奇特的视觉效果。

图2-26 色彩视错服装

（二）图形视错

艺术家利用焦点变换、参考系变换、残像视错觉、惯性思维等，将线条图案引入绘画中。如图2-27所示的等长直线错觉效果，两条等长且平行的直线放入不同的场景中给人的感觉是长度不同的，这是由于视神经在把视觉图像传输到大脑的过程中，使图像在人眼中形成视觉残像，干扰人们对图形的正确判断，形成了视错现象。

因此，利用这种视错觉并将其运用在服装设计中，可以弥补或修补人体的体型。例如，服装设计中利用条纹图案的间距变化使人体某些部位产生外凸或内凹感。而相同款式的衣服，用深色面料的设计要比浅色的显得苗条；利用竖条结构线或图案来使胖体型显苗条；腰带位置的上下移动也能使人的身高看起来发生相应的变化。这是因为线的视觉引力，是随着线的方向而动的，水平线使人感到左右方向的伸展力，垂直线和斜线分别使人感到上下和斜上斜下的伸展力。如图2-28、图2-29所示，向下的条纹就比的横向条纹更加显瘦。

（a）缪勒莱错觉　（b）潘佐错觉　（c）垂直水平错觉

图2-27　等长直线视错效果

图2-28　竖向条纹服装

图2-29　横向条纹服装

六、强调

强调是设计师有意识地使用某种设计手法来加强某部位的视觉效果或风格（整体或局部）效果。强调可以烘托主体，能引导人们的视线，使得服装更有层次感，有助于展现人体以及设计的优势。对服装的强调，也是根据服装整体构思进行的艺术性设计。一般服装重点强调的部位有领、肩、胸、腰等，也可根据设计需要进行有目的的强调。强调的手法有三种，分别为：风格的强调、功能性的强调和人体补正的强调。在服装设计中可加以强调的因素很多，虽然面积不大，却拥有吸引人的效果，起到画龙点睛的功效。主要有位置、方向的强调，材质、肌理的强调，量感的强调等，通过强调能使服装更具魅力。

（一）强调色彩

在服装设计创意中，通过对同一件衣服的不同部位、一套衣服的不同组成部分、系列服装不同单件之间的颜色对比的控制，可使整体和谐又富有变化（图2-30）。

图2-30　强调色彩的服装

（二）强调结构

服装结构是对服装各部位之间的关系进行组合，其设计的风格、特点、合理性等因素会影响服装的美观程度及舒适程度，还会对服装的加工和制作产生影响。强调服装结构可以通过强调服装的衣领、门襟、袖子、腰部、省道等来改变服装整体风格，产生强烈的视觉效果（图2-31）。

图2-31　强调结构的服装

（三）强调材料

使用恰当的材料往往能从根本上影响服装的等级与品位。材料的合理运用能够使服装更加具有肌理感，许多设计师往往会进行面料再造，使服装材料呈现更加丰富的效果（图2-32）。

图2-32　强调材料的服装

（四）强调装饰

服装设计可以通过刺绣、花边、盘扣、袖襻、肩襻、打褶、折叠、印花、手绘图案等工艺和装饰手段，来强调服装的整体美感。强调装饰应形成一个强调中心（视觉焦点），忌构造多个中心而使焦点分散（图2-33）。

图2-33 强调装饰的服装

七、仿生造型

仿生造型是指在进行造型设计时，设计师以大自然的各种生物或微生物等为灵感，或以它们的外部造型作为模仿设计的对象。服装仿生学主要是模仿生物的外部形状，以大自然为灵感，从而设计出服装的新颖款式。在服装设计创意的过程中可以模仿生物的某一部分，也可以模仿生物的全部外形，如在生活中常见的仿生造型有燕尾服、燕子领、蝴蝶领、青果领等。

近年来，随着科技的发展，仿生造型被不断运用，在仿生的主题下，数字化赋予仿生设计以新的生命力，重建了人与自然的亲密联系，用身体空间包容自然进化美学。仿生设计更多地体现快节奏时尚，以及生活与消费者对于个性自然化产品的追求。仿生自然的创新合成材质和3D建模工艺，创造出了兼具功能性和实用性的服装产品。

Three AsFour的三位设计师，以树叶为主题、聚焦环境问题——我们离不开植物，创造出了前卫艺术作品（图2-34）。从印刷图案到3D打印，一片片“树叶”的脉络清晰可见，透镜效果通过处理光线和颜色以复制出蝴蝶的外观。创新的3D打印技术可直接捕捉到生物形态，就像是人类想要把它们做成标本，它们就像是地球的最后一片树叶，脆弱而稀有。

图2-34 Three AsFour品牌使用3D打印技术仿树叶造型

本章小结

■ 服装的色彩、图案、材质风格等是由服装材料直接体现的，服装的款式造型也需要依靠服装的材料厚薄、轻重、垂坠性等因素来呈现，服装设计创意三要素之间是相辅相成的关系。

■ 服装色彩要素具有三个重要属性，即色相、明度和纯度，色彩要素在服装设计创意中的表现效果不是绝对的，适当的色彩搭配会改变原有的色彩特征以及服装风格，从而产生新的视觉效果。

■ 服装的款式要素也称为“造型要素”。服装的款式要素可以分为外部要素和内部要素。外部要素指的是服装的外部款式，内部要素则是指服装的内部款式。

■ 在构成服装材料中，除了主体面料外，其余部分均为服装辅料。服装辅料包括里料、衬料、垫料、填充材料、纽扣、拉链、勾环、绳带、商标、花边、号型尺码带以及使用标示牌等。

■ 实用、经济、美观是服装设计的最基本原则，除此之外，TPWO 原则在进行创意服装设计的过程中也至关重要。

■ 实用原则需排在各项基本原则的第一位。

■ 经济原则是服装设计原则中的第二原则，是实现服装价值的手段，是服装经营的根本，也是推动服装发展的第一生产力。

■ 美观原则是指服装具有装饰和美化穿衣者的作用，需要设计师具有一定的审美能力以及设计水平。

■ TPWO 原则是国际公认的衣着标准。TPWO 是英文 Time、Place、Who、Object的首字母缩写，分别对应时间、地点、着装者、目标。

■ 服装设计创意形式美法则主要包括：变化与统一、对称与均衡、节奏与韵律、比例、视错、强调以及仿生造型等。

思考题

1. 服装设计的构成要素与服装设计的基本原则的区别是什么?
2. 服装设计的基本原则中最重要的是哪一点?
3. 服装的内轮廓与外轮廓的具体内容有哪些?
4. 简述服装设计创意的 TPWO 原则。
5. 简述服装设计创意的形式美法则。

第三章
服装设计创意思维训练与表达

课题名称：服装设计创意思维训练与表达

课题内容：1.培养创意思维能力的方法

2.服装设计创意思维模式

3.极限设计激发创意思维

课题时间：8课时

教学目的：进一步培养学生的服装设计创意思维、利用不同的创意思维模式激发学生的创造力，同时通过一些限时训练激发学生的创意思维。

教学方式：教师通过PPT讲解创意思维模式，学生在阅读、理解的基础上掌握，最后教师再根据这些训练方法对学生进行训练。

教学要求：1. 要求学生全面了解创意思维训练模式。

2. 要求学生根据创意思维模式进行量化训练。

3. 要求学生根据任务要求进行极限设计训练。

课前（后）准备：课前提倡学生多尝试使用创意思维进行设计，并且阅读关于这一方面的理论书籍，课后要求学生通过反复的操作实践对所学的理论进行消化。

服装设计创意思维在服装设计环节中的重要性越来越显著，不仅是因为经济和科技的迅猛发展，也是消费者需求的体现和市场发展的诉求。当下人们对于服装的要求已不局限于保暖、蔽体等实用功能，更加注重美观和时尚等视觉效果，对于服装设计创意的要求也越来越高。针对消费者对服装需求的变化，服装设计教育应注重训练学生的创造性思维。如图3-1所示，伦敦时装周中英国索尔福德大学（University of Salford）的学生作品更加注重服装的视觉效果和艺术氛围。服装设计专业的学生不仅要具备基本的审美能力，还要有一定的艺术创造与表达能力。因此，在学习过程中，我们不仅要注重培养学生的服装结构制板、缝制工艺等专业技能，也要注重提高服装设计的创新能力；需要更多地关注自己是否具有创造性地思考和解决某些问题的能力，这也是服装行业优秀设计师必须具备的创意思维能力。随着消费者对于生活品质需求的日益增加和服装行业的激烈竞争，我们必须认识到在服装设计过程中创造性思维对未来职业发展的重要性。因此，本章节根据笔者多年的教学经验，理论结合实际地对服装设计创意思维训练与表达进行了系统介绍。

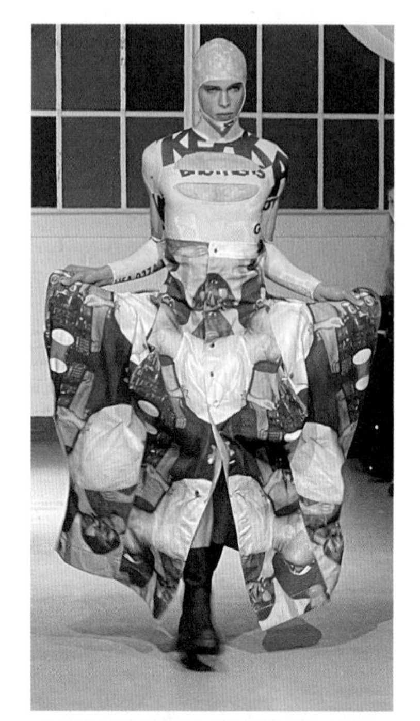

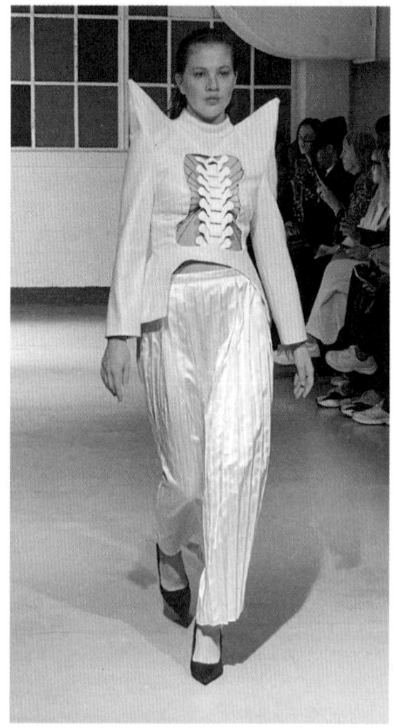

图3-1 英国索尔福德大学伦敦时装秀学生作品（李潇鹏拍摄）

自20世纪50年代以来，“创意”一词大量出现在各种文献之中，尤其是在心理学和哲学领域。《创意研究期刊》（*Creativity Research Journal*）的主编马克·A.兰克（Mark A. Runco）等人认为，对于创意的标准定义应该强调其创造性和有效性，即是一些新颖的、独特的和具有一定有效性价值的创新[1]。创意是现代发展的需要，特别是对于时装设计师来说，只有不断涌现各种创意才能设计出独特的创意服装，增强我们在服装产业中的竞争力。

创意思维能力不仅是服装设计师需要具备的重要技能，也是所有艺术领域设计师的必备技能。这种技能来自生活，更要高于生活。具有创意思维的设计师才能在更新迅速的当代社会中，源源不断地设计出新的创意服装，跟上时代发展的步伐。

❶ Runco M A, Jaeger G J. The standard definition of creativity[J]. Creativity Research Journal, 2012, 24(1): 92–96.

第一节 培养创意思维能力的方法

对于创意思维能力的培养，需要先激发学习兴趣和对于新事物的探索欲望，这是培养创意思维能力的基础，也是进行创新思考的驱动力。同时，创意思维能力会受到创意意识、创造能力、专业知识等诸多因素的影响。首先，创意意识对于人们的创意思维影响巨大。根据马克思主义辩证唯物论的观点，物质决定意识，而意识反作用于物质。设计师从客观世界中汲取各种灵感和知识，如果不具备创意意识，那么这些灵感和知识就很难更好地运用在创意设计作品之中；其次是创造能力，即人们运用各种设计中的方法论赋予创意思维过程的可能性，例如运用头脑风暴、流程推导以及循环思维等方法；最后，专业知识的储备在实施创意思维的过程中起到至关重要的作用，扎实的理论结合实践才能创造出优秀的创意设计作品。有了创意意识和创意能力后，还需要使用一些专业知识和专业技能实现。

创意思维能力是每位设计师进行创造性思考和工作的必备能力，同时培养创意思维能力也是当前各大设计院校教学的重中之重。因此，本节从读好书积累专业知识、在实践中培养观察力、在实践中提高创意认知、设计创意想象力的训练以及在学科交叉中培养创意思维五个方面，结合实例对如何培养创意思维能力进行详细的阐述。

一、读好书积累专业知识

读万卷书，行万里路，包罗万象的图书馆（图3-2）和书店遍布各大校园和城市之中。书籍是人类进步的阶梯，读好书可以积累丰富的专业知识。这里的“读好书”不是狭义上的纸质书本，而是广义上的概念，例如阅读纸质图书杂志、视频文献或者电子书目等。书本是人类智慧的结晶，人类将其多年的生活经验、工作经历和想象过程记录在书中。读好书的实质是吸收他人的想法、知识和经验，在拓宽视野的同时提高自己的专业素养。

图3-2 图书馆

读优质的专业书籍很重要，适当的阅读可以提高自身的思想，为创作提供无穷无尽的专业知识和设计灵感，从而拓宽我们的视野。如图3-3所示，阅读服装相关的各类书籍，可以从服装设计的多个角度去积累专业知识，例如服装立体裁剪、服装款式设计、服装面料创意设计、服装结构与工艺等。通过大量阅读，积累专业知识，才能为进行优秀的创意设计打下根基。

图3-3　服装专业图书

二、在实践中培养观察力

法国雕塑艺术家奥古斯特·罗丹（Auguste Rodin）曾说："生活中不缺少美，而是缺少发现美的眼睛。"观察力是视觉活动的必备条件，对自然事物的观察、对优秀设计作品的分析，都需要我们超越作品表象理解作品的内在含义，并对内在含义有一个完整的认识。观察力可以通过很多方式培养，如欣赏分析并反复温习大量优秀的设计作品，通过多次临摹、学习优秀的设计作品，从而提高自己的观察力，还可以通过参观服装展、艺术展和美术展，来培养自己对优秀设计作品的观察力，如图3-4所示，在法国巴黎的乔治·蓬皮杜国家艺术文化中心中，展示了各种各样的与石头相关的艺术品，如果设计师不具备一定的观察力，很难创作出这种艺术作品。

图3-4　乔治·蓬皮杜国家艺术文化中心展览作品（李潇鹏拍摄）

观察力，有些人是与生俱来的天赋，但对于大部分人来说，观察力是可以后天培养的。设计师需要有观察各种事物的耐心，尤其是一些经验丰富的设计师对细节的关注是非常严谨的。在实践中培养自己的观察力，思考这些细节的含义，通过一定的流程方式让这些细节为好的设计方案提供信息。

三、在实践中提高创意认知

在实践中提高创意认知是指在服装创意设计的过程中，可以通过不断地实践，拓宽视野，从而提高自身的创意认知。例如，通过完成创意类课程的实践任务，通过创意拼贴的形式将众多图片打破重组，从中体会全新的创意认知（图3-5）；还可以参加国内外的服装专业设计大赛。参加专业设计大赛需要经历以下几个环节：创作理念—设计构思—设计方案—实施方案—完成作品。这样的过程不仅能够培养自身的理论素养和实践能力，还能在实践的过程中提高创意认知。

图3-5　创意拼贴（李潇鹏设计）

四、设计创意想象力的训练

想象力是学习服装创意设计必须具备的能力之一。服装创意设计从平面转化为立体，没有想象力是无法实现的。因此，设计创意想象力的训练是尤为重要的。一般是运用发散思维，把原本不相干的事物组合成新奇的创意。这种训练方法和思维导图类似，也可以称为“头脑风暴”（图3-6），大多是选择任意抽象或具象的主题，写出与之关联的原生关键词、衍生关键词等，从中选出可以进行设计转化的关键词进行关联，最后将其运用到创意设计作品中。如图3-7所示，在进行服装创意设计时，往往在设计方案的灵感版中会运用头脑风暴来确定设计主题。

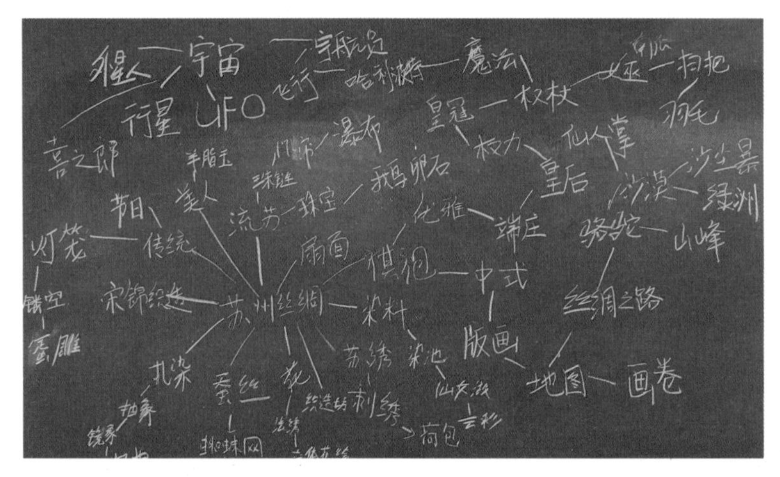

图3-6　设计创意想象力的训练——黑板上的头脑风暴练习

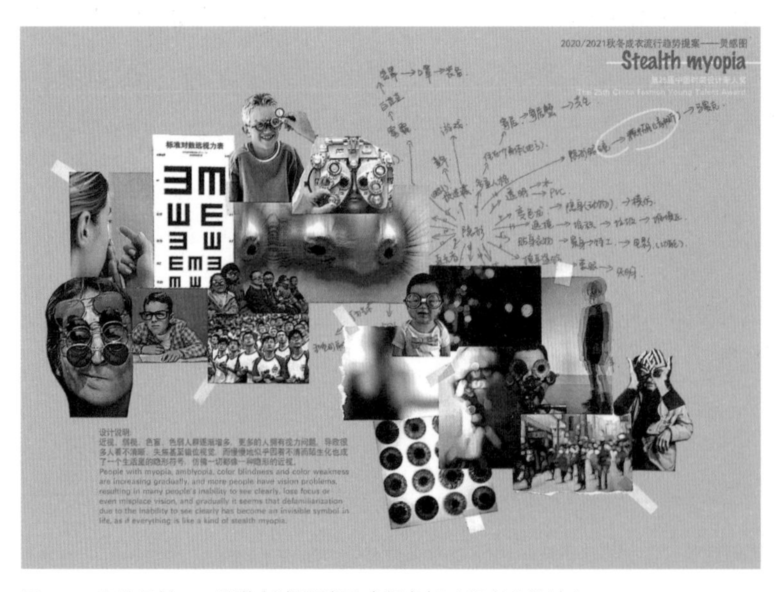

图3-7　头脑风暴——服装创意设计灵感版案例（翟嘉艺设计）

五、在学科交叉中培养创意思维

阿尔伯特·爱因斯坦（Albert Einstein）曾说过："我们无法用我们创造问题时使用的相同思维来解决我们的问题。"在这种情况下，有时最好的解决方案往往来自自身以外的领域和学科。如图3-8所示，服装艺术与生物科学学科交叉形成了当今纺织服装领域非常热门的研究方向——以生物材料为主的服装面料。如图3-9所示，服装艺术与数学学科交叉呈现的参数化服装设计，设计作品运用了参数化服装设计的诸多方法，利用数学与服装设计学科交叉，设计出既环保又具有数字美学的创意服装。

图3-8　服装艺术与生物科学学科交叉——生物材料服装面料（卜雪飞设计）

图3-9　服装艺术与数学学科交叉——参数化服装设计（李潇鹏设计）

第二节　服装设计创意思维模式

服装设计创意思维模式是一种具有创造性的思维活动，是开拓设计师创造新领域、新作品的思维活动，服装设计创意思维模式是服装设计师进行创意设计时必须具备的。设计师除了具备敏锐时尚触觉外，还需要掌握逻辑思维模式、形象思维模式、发散思维模式、逆向思维模式和跨界思维模式。

一、逻辑思维模式

逻辑思维又称"抽象思维"，它是用概念进行判断、推理并得出结论的过程。逻辑思维属于理性认识阶段，凭借科学的抽象概念对事物的本质和客观世界的发展过程进行反映，是人们通过认识活动获得超出依靠感官直接感知的知识。逻辑思维作为一种重要的思维模式，具有概括性、间接性、超然性的特点，是在分析事物时抽取事物最本质的特性而形成概念，并运用概念进行推理、判断的思维活动。

在服装创意设计过程中，逻辑思维与形象思维不同，它不是以人们感受到或想象到的事物为起点，而是以概念为起点，进而由抽象概念上升到具象概念。通过这种方式，服装中丰富多样、生动具体的造型才能得到呈现（图3-10）。

二、形象思维模式

形象思维是指在客观形象中进行感受、储存的基础上，结合主观的认识、情感进行识别，并用一定的形式、手段、工具创造和描述形象的一种基本的思维模式。例如，设计师可以直接将人物形象、文字、图像等作为素材，直接或间接地将这些设计元素运用在服装创意设计中。

从服装创意设计的角度分析，所谓形象思维，就是设计师在创作的过程中，对设计作品始终伴随着形象、情感以及联想和想象，通过服装的个别特征去把握整体造型，从而创作出独特的形象（图3-11、图3-12）。

图3-10 逻辑思维模式——白日梦抽象元素（王胜伟设计）

图3-11 形象思维模式——建筑元素

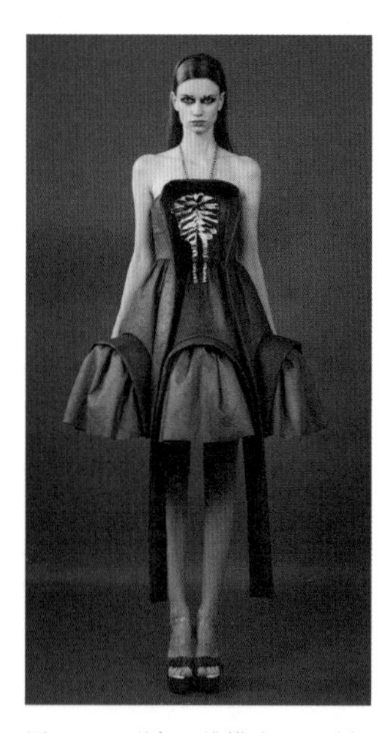

图3-12 形象思维模式——动物元素

三、发散思维模式

心理学家J.P. 吉尔福特（J.P. Guilford）在1956年首次创造了“发散思维”这个术语。发散思维是一种思维过程或方法，通过探索许多可能的解决方案来产生创造性的想法。发散思维通常以一种自发的、自由流动的、“非线性”的方式发生。由此可知，其中的许多想法是以一种新兴的认知方式产生的（图3-13）。

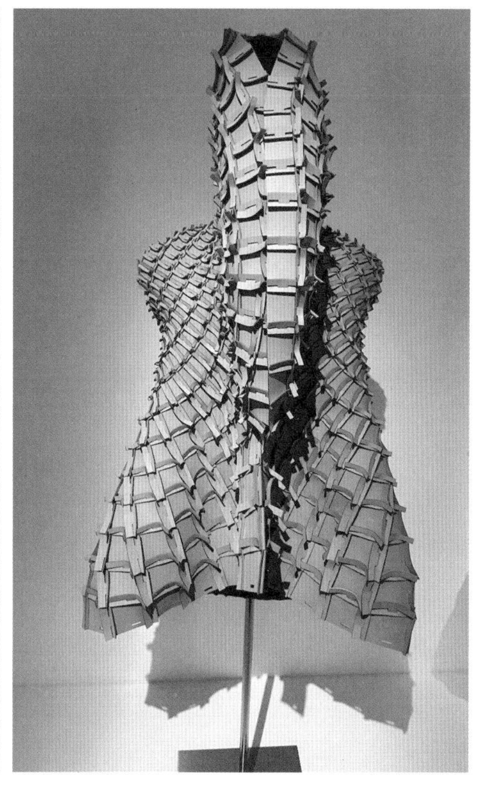

图3-13　发散思维模式（李潇鹏拍摄于乔治·蓬皮杜国家艺术文化中心）

发散思维模式通常能在很短的时间内探索许多可能的解决方案，以此得出意想不到的效果。在发散思维之后，将想法和信息使用聚合思维进行组织和结构化，聚合思维遵循一组特定的逻辑步骤以达到一个解决方案，在某些情况下这是一个“正确”的解决方案。

四、逆向思维模式

逆向思维，又称“求异思维”，是相对常规观点反向思考的一种思维方式。这种思维方式是从惯性思维的反面去看待问题。虽然逆向思维有时听起来奇怪且不合逻辑，但它通常会激发出更具创造性的解决方案。服装创意设计中的逆向思维就是突破常规、突破传统、突破惯性设计的具体表现。服装设计师通过对原有常规设计的否定，将设计进行反常规设计，大胆突破经验和格式化的束缚，通过多种逆向思维模式，呈现出更加具有创意的设计作品（图3-14）。

图3-14 逆向思维模式——不对称设计

五、跨界思维模式

跨界思维是一种协作创意生成的思维方法，参与者通过将不同领域的知识和技能组合在一起来提出创新概念。德国平面设计大师霍尔格·马蒂亚斯（Holager Matthies）认为，创意就是把两个看似毫无关联的事物结合起来。跨界参与者围绕不同领域进行头脑风暴，例如科学技术、人类需求和现有服务等领域，随之迅速结合这些领域的元素，创造出新的、有趣的和创新的概念（图3-15）。

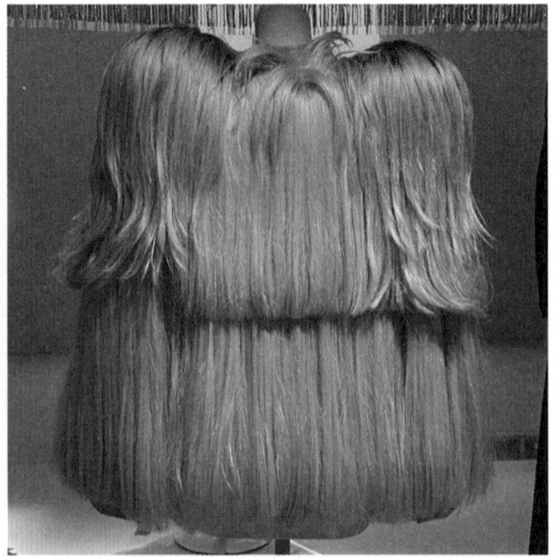

图3-15 跨界思维模式（李潇鹏拍摄于法国巴黎装饰艺术博物馆）

第三节　极限设计激发创意思维

随着时装设计的多样化，如果想培养自身的创造性思维，可以从学习的方法和形式开始，通过一些极限设计来激发创意思维。在学习过程中，首先要从服装的结构和技术入手，根据自身的理解进行启发式学习，培养解决问题的能力，同时使自己适应服装设计的学习过程。只有这样，才能在设计过程中感受自己创作能力的提高和创意思维的变化，从而提高自信。此外，还需要通过课堂定时量化设计创意训练、周期定量设计创意训练、项目实战设计创意训练、参加专业大赛和策划专业大赛等进一步培养创意思维。

良好的教学设计可以激发学生的积极性，通过极限设计可以培养学生创造性的思维模式。创造性教育是创造性思维的核心。

一、课堂定时量化设计创意训练

课堂定时量化设计创意训练是指课堂上规定一定的时间进行量化的创意设计练习。对于服装设计专业的学生来说，需要具备一定的创造性思维才能在生活中发现美。课堂定时量化设计创意训练可以增强学生的创造力。在教学过程中，教师除了讲授基本的专业知识外，还需要在课堂上规定让学生在一定的时间内完成创意面料改造设计（图3-16）、创意款式拓展设计、创意拼贴设计（图3-17）等创意实践任务，从而提高学生的创造性思维。

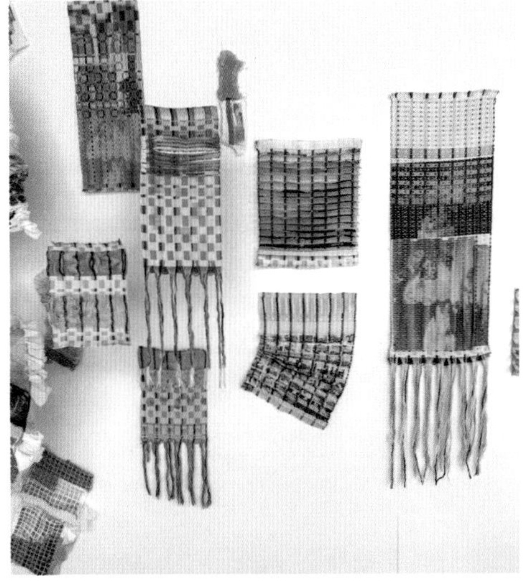

图3-16　课堂定时量化设计创意训练——面料改造设计（李潇鹏拍摄于英国伦敦艺术大学）

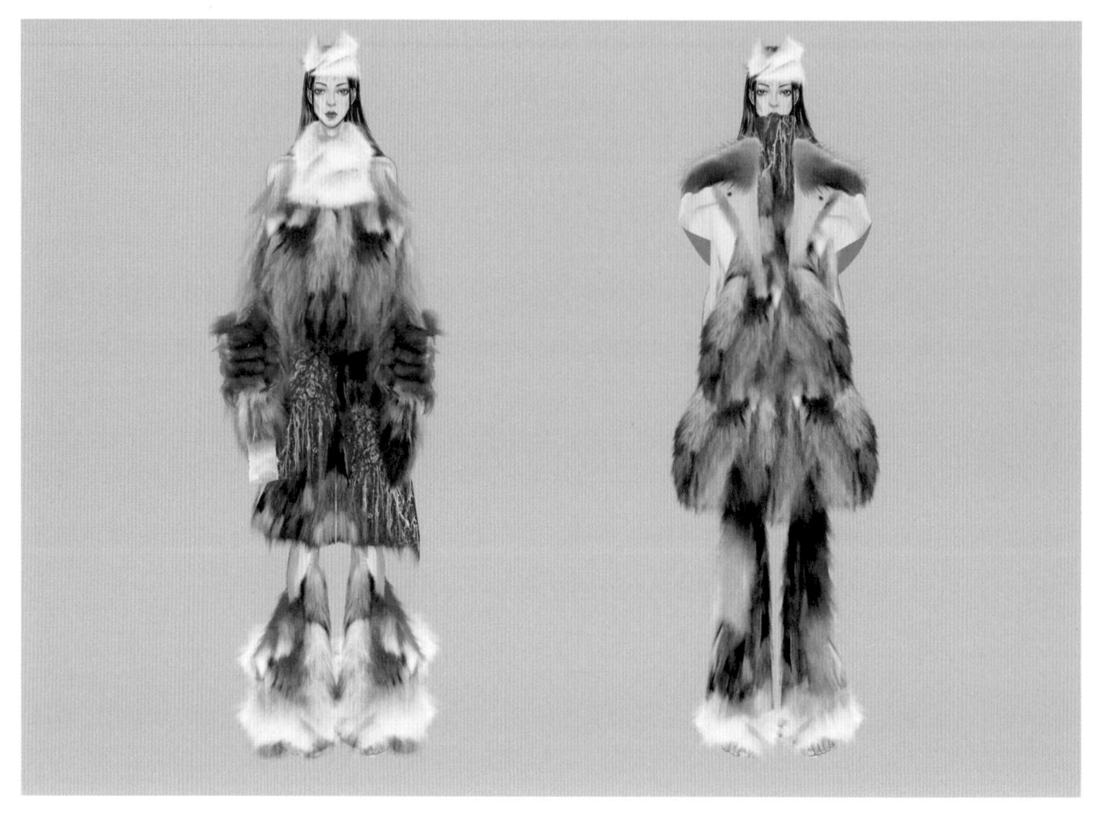

图3-17　课堂定时量化设计创意训练——创意拼贴设计（滕纯正设计）

二、周期定量设计创意训练

周期定量设计创意训练是提高服装创意思维的重要方式。一个杰出的时装设计师需要永不枯竭的灵感输出以创造更好的时尚艺术作品，从而周期性地设计出各种创意产品。众所周知，灵感的出现并不单纯基于天马行空的想象，还基于对现有客观世界信息的持续分析和设计师的经验，而周期定量设计创意训练则有助于提高设计师的创意思维，从根本上提高其创意能力。同时，灵感的出现也是转瞬即逝的，这需要时装设计师敏锐的观察力，通过捕捉创意的火花设计出成功的作品。随着信息时代和人工智能时代的来临，新创意作品出现的周期正在逐步缩短。

在课堂学习中，可以列出著名设计师（图3-18）的成功经验，周期性地激发创造性思维能力，并引导学生学习灵感设计的概念和来源，从而在根本上提升学生创意思维的敏感程度，在创意思考的过程中发散自己的思维，这对于服装设计专业的学生十分重要。

图3-18　周期定量设计创意训练（李潇鹏拍摄于英国伦敦时尚和纺织品博物馆）

三、项目实战设计创意训练

项目实战设计创意训练是指通过参加服装设计实战项目，有目的性地进行创意服装设计的过程。设计师在掌握扎实的专业理论知识基础上，需要不断地通过项目实战来检验自己的设计作品。在项目实战设计创意训练的过程中，一般是选择单一品类进行创意设计，例如职业装设计、旗袍设计、婚纱设计等（图3-19～图3-21）。

图3-19　项目实战设计创意训练——迎宾服（王胜伟设计）

图3-20 项目实战设计创意训练——前台工作服（王胜伟设计）

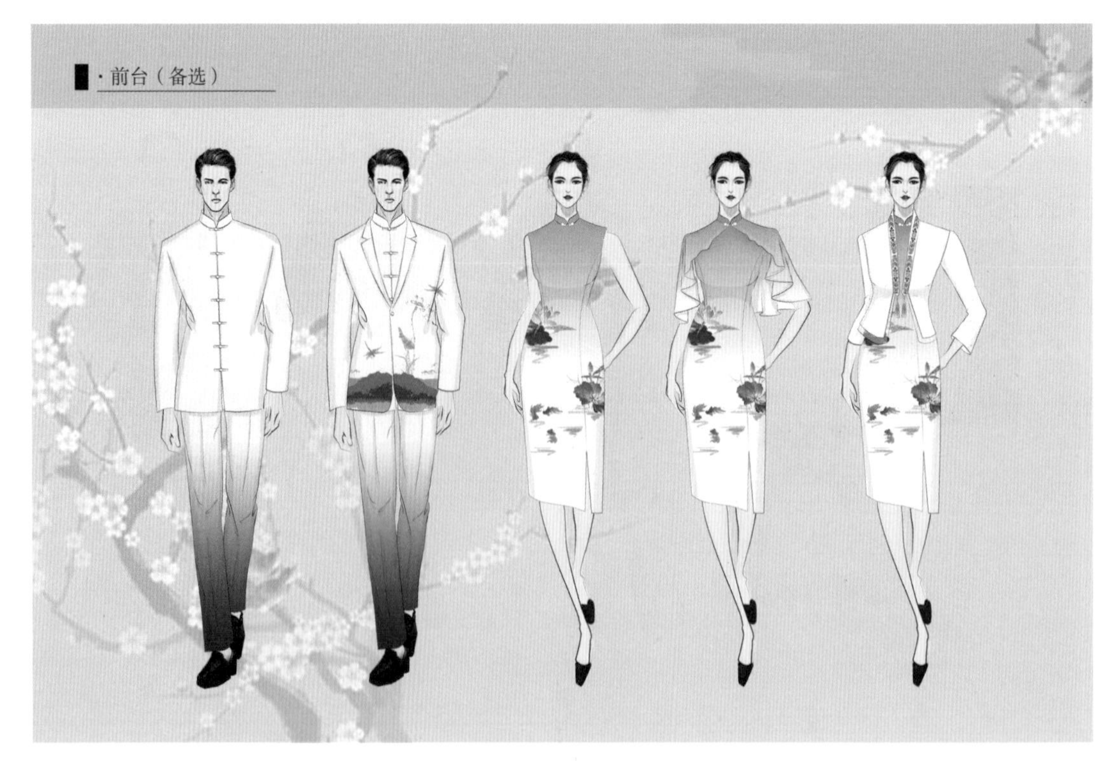

图3-21 项目实战设计创意训练——前台工作服（备选）（王胜伟设计）

四、参加专业大赛培养创意思维

正所谓“百闻不如一见，百见不如一干”，在校学生在学习了充足的专业知识和创意技能后，通常需要参加专业大赛巩固对专业知识的学习和检验专业能力的掌握程度，通过这种专业大赛的实战化培养，不仅可以锻炼学生的服装设计能力，还可以锻炼学生的创意设计思维，灵活运用所学所知。对于大学生而言，参加专业大赛需要合理安排时间，充实日常学习内容。对于学校而言，课外技能大赛是加强应用型技能人才选拔培养、促进优秀技能人才脱颖而出、培养学生创新思维的重要途径。应用型高等院校的专业教学在一定程度上会围绕着技能大赛展开来提高人才培养的整体质量，因此学校应该充分利用课外技能大赛，与教学改革进行有效融合，实现大学生成长成才的目标（图3-22～图3-27）。

图3-22　参加2019年“海峡杯”大赛进行实战设计创意训练（林艺涵设计）

图3-23 参加2020年“安踏杯”大赛进行实战设计创意训练（林艺涵、王胜伟设计）

图3-24 参加2020年“裘都杯”大赛进行实战设计创意训练（林艺涵、王胜伟设计）

图3-25　参加2023年“五彩杯”进行实战设计创意训练（滕纯正、周钰璐设计）

图3-26　参加2023年“濮院杯”进行实战设计创意训练（滕纯正设计）

图3-27　参加2023年“真皮标志杯”进行实战设计创意训练（滕纯正设计）

五、策划专业大赛培养创意思维

学生也可以通过微信公众号、微博和小红书等社交媒体寻找机会，以志愿者的身份参与策划服装专业大赛。作为策划比赛的工作人员，学生可以更加清晰地了解服装大赛的评审机制和评分标准，有机会与评审专家沟通，询问评审专家的意见以提升自己对于服装设计的审美认知。在浩如烟海的投稿中，了解真正优秀的作品是如何脱颖而出，培养自己的审美能力和创意思维。由此可知，作为志愿者参与策划大赛最重要的是可以提高学生的眼界，从评审的角度出发，通过收集、学习、分析大量的参赛作品以提升自己对设计审美的辨别能力。同时，了解各个参赛选手的设计方法以及参赛服装设计作品的优劣（图3-28、图3-29）。

图3-28　参与策划首届中国苏州甪直水乡妇女服饰创意设计大赛（张鸣艳参与策划）

大赛主题

元创姑苏·艺造江南

主题来源：以姑苏深厚的历史文化底蕴为创作之源，对文化元素进行提炼、创新和转化，通过对江南文化的艺术演绎，开启苏式生活典范新纪元。

赛道设置

赛道一：IP创意设计（元·创想）

围绕“水韵江南 风雅姑苏”，选取“大运河姑苏段”“平江路”“山塘街”“水上游文旅项目”等古城元素进行“自命题”设计，可选取一个或多个（系列）作为设计主题。

本赛道涵盖：创意标识设计、创意海报设计、创意产品设计三大组别。（注：创意产品设计以城市伴手礼、旅游纪念品为主要形式）。

设计要求：作品兼具创新性和应用性，体现未来感、新艺术风格与新技术美学层面的融合，在IP的生成和打造中可延展文化内涵。创意产品设计需体现市场价值理念，具有可落地性和新消费属性。

赛道二：公共空间环艺设计（元·造物）

围绕“古城更新”核心理念，结合街巷改造、口袋公园建设、古建老宅活化利用、产业园提档升级等场景进行景观和装置艺术设计，体现“未来姑苏造物”概念主题。

本赛道涵盖：景观小品、口袋公园、街景小景、装置艺术（城市家具）等组别。

设计要求：作品需满足户外展示的条件（姑苏区城市家具建设指引作为评审标准之一），鼓励具有创新性、实验性、互动性、功能性、在地性、公众参与性和视觉震撼力的艺术作品。

赛道三：丝绸时尚文化设计（元·风尚）

围绕“丝绸和时尚”主题，设计具有原创性的服饰品类系列作品，在绘画技法上体现丝绸面料的质感，每个系列3-5套。

本赛道涵盖：服装设计、丝巾（含纹样）设计、配饰设计、纺织类作品等。

设计要求：作品需体现出传统丝绸元素的时尚表达，鼓励呈现审美上的“时空交错”，将科幻未来元素与姑苏传统文化融合于设计中，传递新苏式生活美学。

图3-29 参与策划第二届“繁华姑苏杯”姑苏文创精英挑战赛

本章小结

■ 培养创意思维能力的办法有读好书积累专业知识、在实践中培养观察力、在实践中提高创意认知、设计创意想象力的训练和在学科交叉中培养创意思维等。

■ 服装设计创意思维模式包括点性思维模式、线性思维模式、发散思维模式、逆向思维模式、跨界思维模式。

■ 极限设计激发创意思维的方法可分为课堂定时量化设计创意训练、周期定量设计创意训练、项目实战设计创意训练、参加专业大赛培养创意思维和策划专业大赛培养创意思维五个方法。

■ 人们的创意思维会受许多方面的影响，如创意意识、创意能力、专业知识等。

■ 设计师可以通过头脑风暴、灵感版和故事版等方法来训练设计创意想象力。

思考题

1. 培养设计创意能力的方法是什么？
2. 简述服装设计创意思维模式的几种类型。
3. 思考极限设计激发创意思维的方法。

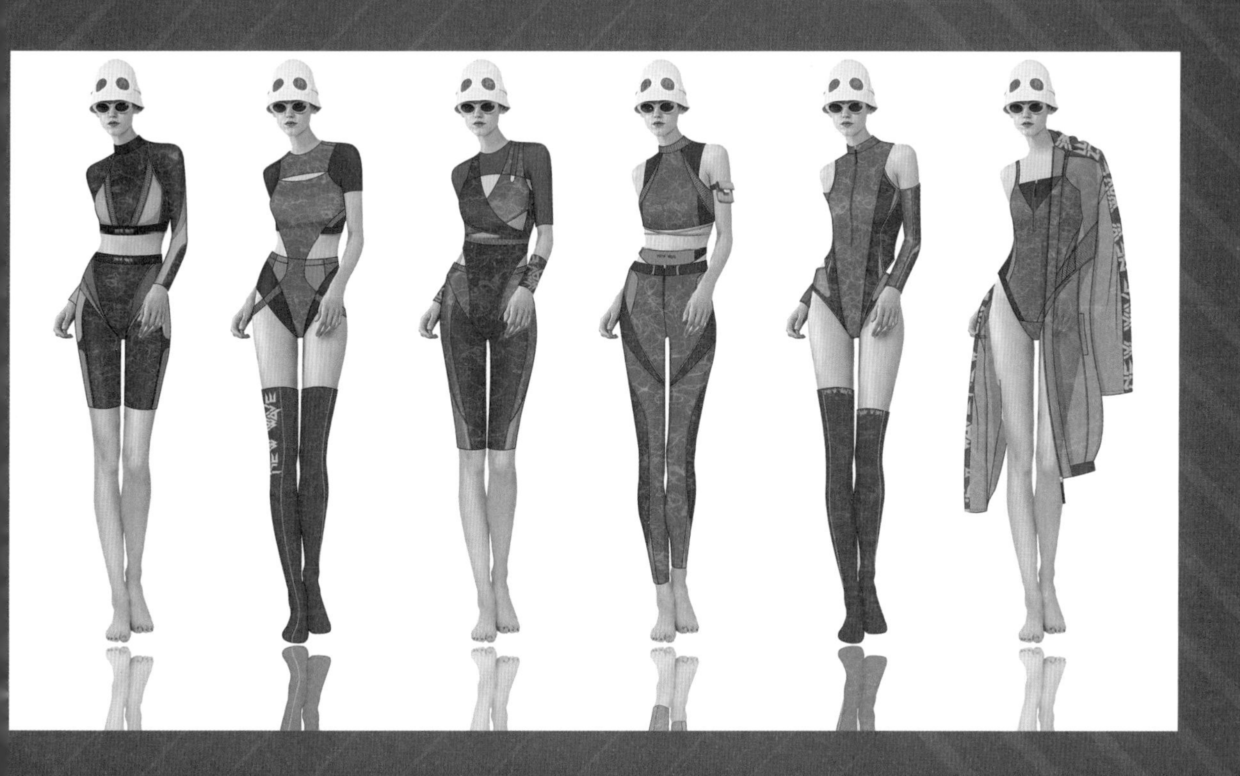

第四章

服装设计创意灵感来源与设计表达

课题名称：服装设计创意灵感来源与设计表达

课题内容：1. 仿生大自然的创意灵感

2. 潜意识与显意识催生创意灵感

3. 来自传统文化的创意灵感

4. 运用跨界艺术思维激发创意灵感

课题时间：8课时

教学目的：让学生了解并掌握仿生大自然的创意灵感、潜意识与显意识催生创意灵感、来自传统文化的创意灵感表达和运用跨界艺术思维激发创意灵感。在理解各类创意灵感来源的基础上进行拓展创新设计。

教学方式：教师通过PPT讲解基础理论知识，学生在阅读、理解的基础上进行探究，最后教师再根据学生的探究问题逐一分析并解答。

教学要求：1. 要求学生全面掌握多种形式的创意灵感与设计表达。

2. 要求学生能根据不同的创意灵感进行创意设计表达。

课前（后）准备：课前提倡学生多阅读关于服装设计创意与表达的基础理论书籍，课后要求学生通过反复的操作实践对所学的理论进行消化。

在创造性活动中，新创意与新思想的出现，常常带有突发的性质，这种突发状态人们称为“灵感”。灵感是艺术家在创造过程中的某一时间突然出现精神亢奋、思维极为活跃的一种特殊心理现象，呈现出远远超出平常水准的创作冲动和创作能力，设计构思或表达通过灵感顿悟获得突发性飞跃。灵感具有突发性、超常性、创造性，灵感既不是深思熟虑的结果，也没有严格的推理，它经常会突如其来又稍纵即逝。对设计师而言，灵感是设计的种子，也是设计的生命，是决定设计作品优劣的关键所在。对于服装设计而言也是如此，缺少灵感的设计，或者只是单纯地借鉴与模仿，就很难在设计创造中有所突破和收获。因此，在服装创意设计的过程中，我们的首要任务是找到创意设计的灵感来源，再将其通过各种方法表达出来，这就好比树有了根、水有了源，这样设计作品才有生命力。在服装创意设计中，设计师在初期阶段必须收集大量的灵感素材，发挥想象力，从多角度、多层次去寻找灵感，对大量材料的分析选择能为设计师挖掘可用的素材。激发创作灵感就是灵感思维方法的核心所在。

第一节　仿生大自然的创意灵感

人类模仿生物的造型或机能进行的科学创造，即为“仿生学”。仿生学是一门属于生物科学与技术科学交叉的边缘科学。仿生学的出现大大丰富了人类的思维想象力，拓宽了思维的范围。对于现代服装设计而言，仿生学的研究方向和内容为服装设计在设计思想、设计理念及技术原理等方面提供了理论与科学的物质支持，仿生学因此也成为指导与辅助服装设计的一个重要学科。在服装设计中，设计师对仿生学的运用主要在选择材料和设计手法上，其模仿大自然中的各种物态的特征，通过恰到好处的艺术处理在创新设计中进行转化，使设计富有科学性、创新性、实用性，从而创新服装的造型形态、图案质感。意象仿生设计是一种介于具象设计与抽象设计之间的设计手法。它可以不“形”似却很“神”似，它在具象和抽象设计方法的基础上，要求设计师用丰富的情感去联想、创新，并综合运用服装的色彩、廓型、结构线的设计等，表达和谐统一的自然意境美。

一、造型仿生灵感与设计表达

自然界的任何造型都可以成为服装创意设计的灵感，仿生设计首先是从模仿自然界开始的。自然界的动物、植物，社会生活中的建筑物及立体形状等，都是服装造型设计借鉴的对象。中国古代服饰造型运用仿生手法尤为多见，例如凤尾裙就源于中国古代传说中的凤凰造型想象而来，并通过对凤凰的流线型外形与飞舞时漂亮羽翼的动态艺术变形创造而成。在现代服饰中，少数民族的牛角形头饰、模仿飞燕尾巴的燕尾领、模仿蝙蝠的蝙蝠袖等，这些都是对自然界各种事物的模仿。设计师从自然界事物中得到启发，经过巧妙地裁剪、组合，创造出仿生风格的款式、形象来寄托某种情趣、希望，以产生新奇的效果，获得人们的喜爱。

在千姿百态的大自然中，花朵总是以五彩绚丽的形象示人，使人们对大自然的美丽充满了无限的憧憬。因此，服装创意设计中经常有以花朵造型为灵感的设计表达，如图4-1所示，设计师品牌Robert Wun在2019年春夏首次推出“花木兰”系列设计作品，以波浪与花朵设计元素为核心，通过大胆的剪裁和前卫的廓型设计，赋予女性柔美、立体的新未来主义时尚。如图4-2所示，印度可持续服装设计师Rahul Mishra就善于从大自然中汲取灵感，这些服装以花朵为造型，以具有丰富层次感、立体感的花瓣装饰，通过秩序的设计布局，为服装增加了更为鲜明的层次感，还增添了不少浪漫与活力的气质。

图4-1 以兰花为元素的造型仿生创意设计

图4-2 以花朵为元素的造型仿生创意设计

从局部造型看，在袖型设计中，灯笼袖、马蹄袖、羊腿袖（图4-3）、蝙蝠袖、茧型袖、莲藕袖、仿荷花叶子外形的荷叶袖（图4-4）等在女装设计中运用广泛。在领型设计中，有燕子领（图4-5）、荷叶领（图4-6）、蟹钳领、青果领、丝瓜领、香蕉领、葫芦领等，都是模拟自然界的实物形态设计制作的。

图4-3　袖型的仿生创意设计案例——羊腿袖

图4-4　袖型的仿生创意设计案例——荷叶袖

图4-5　领型的仿生创意设计案例——燕子领

图4-6　领型的仿生创意设计案例——荷叶领

二、色彩仿生与借鉴设计表达

《天工开物》记载："霄汉之间云霞异色，阎浮之内花叶殊形。天垂象而圣人则之，以五彩彰施于五色……"大自然美丽的色彩是创意服装色彩设计的最直接借鉴来源。自然界中的天、海、湖、山、晚霞、原野等色彩被设计师们灵活地运用于服装色彩的设计中，于是便有了桃红、橘红、橘黄、杏黄、柠檬黄、土黄、湖蓝、天蓝、茄紫、豆绿、石绿、蛋青、咖啡色、橄榄绿、玫瑰红等各种色彩或色调。如图4-7所示，火焰橙套装具有阳光、热情、绚丽的视觉感受，在追求纯粹高级感的同时注入温暖情怀。这正是由于人们对于大自然美的热爱和情感的交融，自然界中的色彩更是给设计师提供了源源不断的创造灵感。同时这也是对自然界精神内涵的借鉴，这源于人们对自然界精神的有感而发，这种情感的互通，如同我国的书法和国画中的"意境"。服装色彩仿生与借鉴设计表达并不仅局限于借鉴自然界中的纯色进行色彩搭配，设计师可以把这些自然之美加以整合，综合运用到服装的创意设计中，赋予设计以自然的韵律、节奏和美感（图4-8~图4-10）。

图4-7　以火焰橙为元素的色彩仿生与借鉴设计

图4-8 以海洋为元素的色彩仿生与借鉴设计

图4-9 以花朵为元素的色彩仿生与借鉴设计

图4-10 以动物为元素的色彩仿生与借鉴设计

三、材料多元与仿生设计表达

服装材料的仿生是对动植物的外部、内部及细部结构进行模仿，可分为两个方面：其一是面料材质的仿生，将自然材质如鸟类羽毛、植物叶子（图4-11）等直接用于服装设计中，还有用人造纤维仿制自然纤维织物，如仿真丝、仿全毛、仿裘皮、桃皮绒等，直接用于服装设计中（图4-12）；其二是图案纹样、肌理质地的仿生设计，如图4-13所示，以菌菇为元素的仿生自然形态显然是设计生态主义的外化视觉表现形式。大千世界中蕴含着不同的图案形式，如流水、浮云、山脉、飞禽走兽、日月星辰、海洋生物、自然肌理及看不到的细胞组织肌理等，这些都具有一定特殊肌理美感。在材料多元与仿生设计表达中，采用特殊的印染方法（如化学印染、电子提花、压花、发泡印花、烂花）和编织手法都可以展现各种各样不同的自然界之美的肌理效果。服装面料的仿生设计在科技的推动下得到了进一步的发展。

图4-11 以植物叶子为元素的材料仿生设计

荷兰女设计师艾丽斯·范·荷本（Iris van Herpen）在自己的创意设计作品中，以水为灵感，并借助3D打印技术，用透明材质制作了“晶莹剔透”效果的礼服，如图4-14所示。如图4-15所示，路易威登（Louis Vuitton）2023春夏男装发布会上用精湛的工艺将美丽的大自然附着在高级时装上，西装外套上的刺绣花朵、渐变的绿海花田，让人领略到旖旎的春日风光。

图4-12 以动物毛皮为元素的材料仿生设计

图4-13 以菌菇为元素的材料仿生设计

图4-14 以冰为元素的材料仿生设计

图4-15 以花草为元素的材料仿生设计

第二节 潜意识与显意识催生创意灵感

灵感思维是一个依靠知识和能力的积累不断存储、积淀的过程，其产生的背景是博大精深的知识体系。同时灵感思维也是一种由量变到质变的过程，具体来说就是显意识和潜意识交叉创造出的思维。因此，灵感思维的产生需要广泛地汲取各门类的知识，积极地参与社会实践活动，深入地思考问题，敏锐地观察事物，以积累历史知识和社会生活经验，并将之存储在大脑中。

一、显意识创意灵感与设计表达

在心理学中，显意识被定义为人所特有的一种对客观显示的高级心理反应形式。这一来自西方世界的词语，源自拉丁文consciencia，意思是“认识”。我们也可以说，显意识是一种感知能力，它是与生俱来的。通俗地讲，是人类能够感知到的意识，包括眼识、耳识、鼻识、舌识、身识等。在创意服装设计的过程中，有很多显意识催生的创意灵感。例如，我们看到丝绸面料，可以分析出它比较适合创作旗袍、礼服等创意服装设计作品，这一过程就是显意识激发我们的创作灵感。还有在国内外各类服装大赛中，一般征稿公告上会注明本次大赛的主题，设计师们会根据主题方向进行深思熟虑，选定自己的设计主题，这也是显意识催生创意灵感的过程。第五届GET WOW互联网时尚设计大赛主题为“‘泳’享青春，不负未来”，是以“泳装”作为参赛品类。如图4-16所示的这组参赛作品，其主题为“New Wave”，就是通过显意识对大赛主题进行分析后的设计构思和表达。

二、潜意识创意灵感与设计表达

潜意识这一定义是由著名的心理学家西格蒙德·弗洛伊德（Sigmund Freud）提出，根据他于《歇斯底里症研究》一书中提到的冰山理论，他认为显意识的人格只是冰山的一角，表面的知识是次要的，而绝大部分的潜意识的人格都是冰山以下的部分，恰是这看不见的部分决定着人类的行为，这部分才是最重要的。学者们的研究指出，一个人的日常活动，90%已经通过不断地重复某个动作，在潜意识中转化为了程序化的惯性，也就是不用思考便自动运作。这种自动运作的力量，即习惯的力量，它是巨大的，长此以往其主体将发生巨大的变化。如图4-17所示，华伦天奴（Valentino）2020春夏高级定制设计徘徊于具象与抽象之间，借用裙子的剪裁，透视度、切口等细节设计，描绘设计师潜意识中的“奇景”。

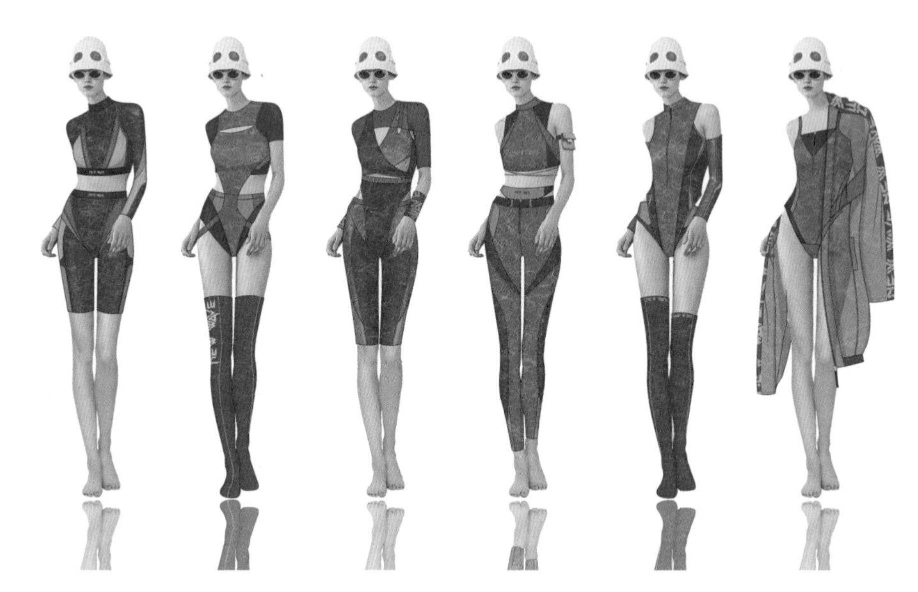

图4-16 显意识激发创意灵感的设计作品（王胜伟、林艺涵设计）

图4-17 潜意识激发创意灵感的设计作品

三、意识交叉创意灵感与设计表达

大量研究发现，灵感思维是由人们的潜意识思维和显意识思维经过多次叠加而形成的，是人们进行长期设计思维活动而达成的一种突破，很多创造性成果都是通过灵感思维最后实现的。当显意识和潜意识发生摩擦和碰撞时，就可以在储存知识的基础上形成灵感，产生顿悟，从而设计出令人惊叹的作品（图4-18）。

图4-18　意识交叉激发创意灵感的设计作品（左王胜伟、林艺涵设计，右王胜伟设计）

第三节　来自传统文化的创意灵感

传统文化是经文化演变而汇集成的一种反映民族特质和风貌的民族文化，是民族历史上各种思想文化、观念形态的总体表征。世界各地的各民族都有自己的传统文化，如中国的传统文化以儒家思想为核心，以儒、释、道三家文化为主体的文化体系，具体内容有古文、诗、词、曲、赋、国画、书法、对联、灯谜等；又如西方的古希腊文化、哥特式文化、巴洛克文化等。对传统文化中的元素进行深度挖掘，分析其造型、色彩构成、图案、工艺手段等，吸收并汲取其精髓，从而将其灵感运用于服装设计作品中。

一、历史文化激发灵感

人类历史文化中有许多值得借鉴的地方：古拙浑朴的秦汉时期，绚丽灿烂的盛世大唐，清秀雅趣的宋代、明代，古老神秘的古埃及文明，充实人文关怀的文艺复兴时期，华丽纤巧的洛可可时期等。设计师从前人积累的文化遗产和审美情趣中提取精华，使之变成符合现代审美要求的原始素材，这种方法在成功的设计中举不胜举。如图4-19所示的创意服装设计中就运用了汉服的衣襟“右衽”元素，通过飘逸感的简约廓型、透光感的纱质材料、细节感的国风图案来演绎东方韵味。如图4-20所示带有卷草纹特点的法式风格纹样兼具了洛可可宫廷的精美浪漫和休闲风格的轻松舒适，两种元素碰撞后，传统也更加别具风致。

图4-19　中国汉服文化激发创意灵感的设计作品

图4-20　法国洛可可文化激发创意灵感的设计作品

二、民族文化激发灵感

民族传统文化是现代服装设计的重要灵感来源。世界上每一个民族，都有着各自不同的文化背景与文化积淀，无论是服装样式、文化艺术，还是风俗习惯等均有本民族的个性。这些具有代表性的民族特征，都可以成为设计师的创作灵感，提取这些民族传统文化的精髓，继承、改良、发展并赋予它创新的形式，强调民族的内涵、灵魂。例如中国传统服饰艺术中特有的吉祥图案、瓷器、脸谱等都被广泛运用在设计中，这些灵感是需要设计师不断挖掘的。如图4-21所示，龙一直被视为中华民族的图腾，以龙为对象设计出来的图案纹样也成为中国古代延续时间最长、流传最广、影响最大、种类最多的传统纹样。如图4-22所示，荷叶边层叠裙摆以及青花瓷元素的运用，让人仿佛回到了江南水乡，高贵清新的蓝白色调搭配有别样的风采。

图4-21 吉祥图案元素激发创意灵感的设计作品

图4-22 瓷器元素激发创意灵感的设计作品

三、民间艺术激发灵感

我国幅员辽阔、民族众多，同时历史悠久，文化底蕴深厚。中国的民间服装和民间传统服饰极为丰富，是人类宝贵的非物质文化遗产和知识财富。少数民族民间的服装、装饰、纹样、色彩、传统手工技艺等都是珍贵的艺术宝藏，值得我们借鉴；除此之外，中国传统的民间艺术也是服饰设计的灵感来源，例如扎染、蜡染、刺绣（图4-23）、剪纸艺术等经常给创作者以奇妙的灵感，并被广泛应用到服装设计中。如图4-24所示，殷亦晴（Yiqing Yin）在2012秋冬高定中展示的红色镂空连衣礼裙，唤起了人们对剪纸的记忆，她将传统重新定义并赋予其现代感的设计，展示着民间艺术创造出的文化兼容性与元素之间碰撞产生的火花。2022年北京冬季奥运会设计师将带有美好寓意的图案纹样融入冬奥会开幕式的儿童表演服饰设计中。几何构成的传统木质结构窗棂搭配吉祥窗花，也为童装的创意设计带来创新气息。

图4-23 刺绣艺术激发创意灵感的设计作品

图4-24 剪纸艺术激发创意灵感的设计作品

不同的自然环境和历史积淀造就了世界各地不同的风俗习惯和文化传统，不同的民族也发展出各自的审美观念和奇趣各异的民族服饰。印度的沙丽、日本的和服、印第安人的纺织品、波斯的图案等都因其具有的鲜明的民族特色而成为一个民族或地区的文化象征。这些带有浓厚民族色彩和民俗风味的服饰文化被世界各地的设计师们广泛应用。

第四节 运用跨界艺术思维激发创意灵感

所有的艺术都是相通的，当我们在研究服装的时候不可能脱离其他艺术孤立地谈服装设计。如果不通过借鉴和模仿来获取新的设计元素，灵感迟早会干涸，当我们借鉴或汲取其他领域的跨界艺术时，设计灵感才会源源不断地迸发。各类艺术在其自身的发展过程中积累了大量的经验，经过一定处理，使之蕴含幻想色彩，能给人以艺术感染力并引发共鸣，成为使赏心悦目的艺术形式，而这些千姿百态的艺术形式又都是有着共同的艺术创作规律。因此，各类艺术在可能和必要的情况下，都应注意从其他艺术门类中汲取营养，服装设计也不例外。服装设计最常从建筑艺术、摄影艺术、绘画艺术、戏剧艺术、音乐艺术等跨界艺术中摄取灵感。法国著名设计师皮尔·卡丹（Pierre Cardin）说过："作为设计师，你可以从不同领域中汲取创作的灵感和源泉，如艺术、电影、戏剧……都可以作为创作灵感的基点。"他的许多作品就是借鉴建筑造型构思出来的。

创意服装设计是一门独立的艺术，但它并不是孤立的，它与其他艺术门类有着广泛联系，并深受其影响。创意服装也被称为"凝集的音乐""行走的建筑""烂漫的绘画""幻化的影戏"等，时装艺术之外的其他跨界艺术中包罗万象的信息都可以是激发服装设计师创造灵感的强大动力。

一、运用建筑艺术激发创意灵感

服装与建筑的关系源远流长。德国著名哲学家G.W.F.黑格尔（G.W.F. Hegel）曾经把服装称为"走动的建筑"，一语道破了服装与建筑之间的微妙关系。著名时装设计师皮尔·卡丹通过对中国古建筑中飞檐造型的变化处理，创造出著名的翘肩服装。12世纪开始兴起的哥特式建筑，形式上以筋骨嶙峋的框架结构、高尖塔、尖形拱造成强烈向上的动势和升腾感，以雕塑、绘画和彩色玻璃窗的光彩效应创造动人的神圣感。这种变化多端的建筑艺术，也影响着哥特式服装的诞生。

从空间角度来看，建筑形式与服装设计的本质都是针对物体而进行的空间造型艺术，在现代服装设计中，建筑艺术的丰富素材如空间结构、色彩和细节等在服装设计中的借鉴和运用都备受喜爱和关注。如图4-25所示，日本服装设计师三宅一生（Issey Miyake）再现了西班牙马德里Caixa画廊的楼梯，银色的质感、明亮的光泽配合着简洁利落的廓型，都被三宅一生运用到了极致。建筑和服装的空间同构性决定了在设计中运用创造性的同构思维方式较多，通过造型元素的提取，准确、直观地表达设计意图，在过往大部分以建筑为主题的服装设计中，我们不难发现强调空间几何、立体块面感的造型表现较多，能形成较强烈的视觉表现力。如图4-26所示，中国服装设计师郭培（Guo Pei）以"建筑"为主题，在2018秋冬巴黎高定时装周发布的高定系列，用充满韵律感的服装造型诠释"服装是行走的建筑"。

图4-25 建筑艺术激发创意灵感的设计作品

图4-26 建筑主题创意服装设计作品

二、运用摄影艺术激发创意灵感

摄影区别于绘画之处在于它把生活中稍纵即逝的事物转化为永恒的视觉图像，它对于写实性细节与复杂光影的呈现也是绘画不能企及的。现代时尚界，也越来越多地出现了摄影与服装的结合，有小面积胶印、大面积印染、图文结合、拼接等形式。摄影的广泛主题内容也为服装创作带来源源不断的灵感。如图4-27所示，日本时尚品牌JohnUNDERCOVER用了独幅、写实性的背影照片做了大面积印染，呈现出神秘、唯美的设计之感。

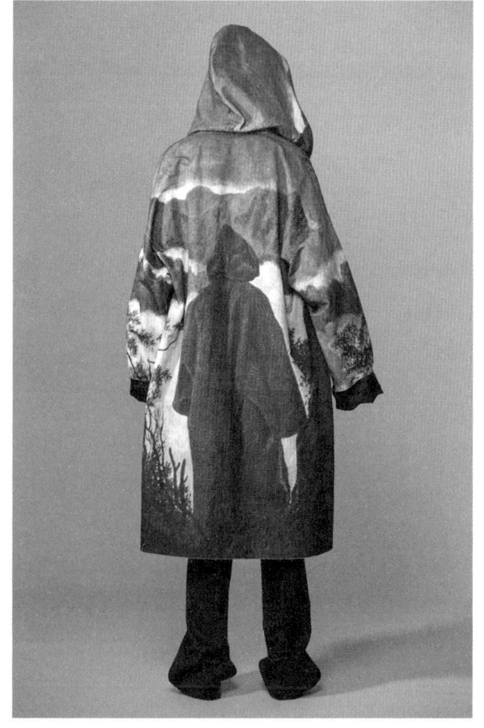
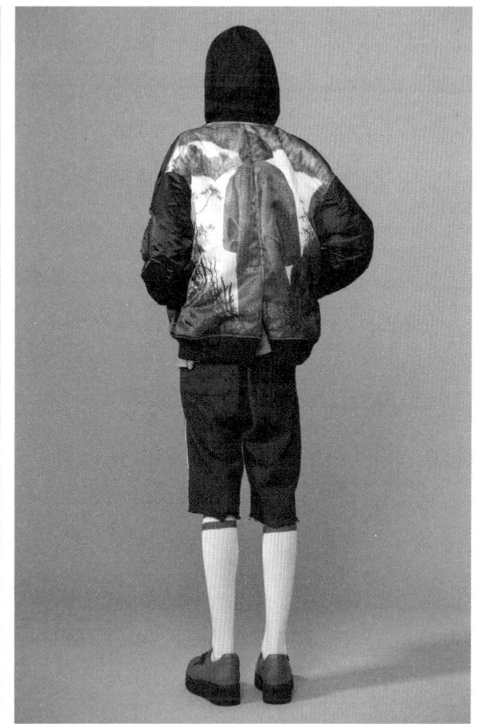

图4-27 摄影艺术激发创意灵感的设计作品

三、运用绘画艺术激发创意灵感

如今，设计师从现代绘画作品中得到了启发，以明快、简洁的色块搭配和线条分割呈现现代感的轮廓造型，使服装洋溢青春气息。如图4-28所示，以山为墨、水为镜，空气中升腾的雨雾作为设计元素，营造山水之间的空间之美。将中国山水画的意蕴之美运用到服装之上，结合中式与西式的裁剪，真正达到艺术与服装的完美结合。还有郭培运用唐卡绘画艺术作为灵感创作的服饰（图4-29），面料的色彩鲜艳而浓郁，仿佛来自中世纪的古典油画，又与传统藏族色彩完美契合。更为奇特的是，郭培创意性使用的面料背面，与丹霞地貌特征有着神奇的相似之处。璀璨与绚丽的色彩仿佛大地的调色盘，让人置身于光与色的斑斓秘境中。除此之外波普艺术、涂鸦艺术、名画作品也为设计师汲取创意灵感提供了更多的思路。

图4-28 山水画激发创意灵感的设计作品

图4-29 唐卡绘画激发创意灵感的设计作品

四、运用戏剧艺术激发创意灵感

随着创意服装设计的多元化发展，设计师们开始慢慢捕捉新的创意灵感运用于自己的设计作品中，戏剧艺术历史悠久、艺术积淀丰厚，为创意服装设计提供了更广阔的思路。如图4-30所示，盖娅传说2020春夏系列以“戏韵·梦浮生”为概念，以各类中国戏曲元素为灵感主线，以文化作媒、以服装为介，重现了一幕幕经典的中国传说。秀场共呈现10余个丰富多彩的服装系列，其中，“木兰辞”系列运用经典的黑色与玫瑰红色组合展示巾帼英雄的形象，刺绣龙纹与戏服图腾元素相呼应，绑带盘扣元素、旧铜龙扣环的使用，在中国传统文化中寻找出独属女性的英气与新时代独立女性的契合点。衣服材质各样，从重磅绸缎、缂丝到薄如蝉翼的雪纺，无论是内搭还是图案与配饰，都呈现了高定时装中的精致工艺以及东方古典韵味。

图4-30　运用中国戏曲元素激发创意灵感的设计作品

五、运用音乐艺术激发创意灵感

音乐这门艺术伴随着人类社会的进步而发展，为人们生活带来了丰富的色彩。服装与音乐一样，都利用视觉和听觉，满足人们对艺术的追求，给人以精神上的享受。音乐为服装设计所带来的灵感上的启发，可具体分为意象化和具象化两方面，其中意象化主要是指音乐作为一门表现艺术，音乐创作过程是作者想象的过程，而受众群体感受音乐的过程，会受音乐营造氛围的影响，其思维形成对音乐内容的想象，从而获得情感上的升华。对于服装设计师而言，其在感受音乐的过程中可将思维变化进行记录，并通过艺术手法的转化，将每一个音乐灵感变为服装设计灵感。在服装设计中体现音乐表达的情绪，使创作的作品更具内涵，创作的过程也更加自主和自由。

例如在音乐营造的浪漫氛围中，设计者可将想象出的浪漫图案和符号，应用在设计中，使作品更加贴近真实，获得更多受众群体的认可。而具象化的灵感启发，主要可根据音乐风格以及音乐符号，设计出具有特色的服装作品。如图4-31所示，这种可视化的符号，可带给人们形象的展示，服装设计者对于符号的理解，可将其视作具体的图案，通过音乐五线谱、音乐标志和音乐符号等，为服装增加独特的视觉感受，丰富服装的元素构成。音乐和服装设计作为艺术的重要组成部分，都具体展示着人类文明的发展历程。在艺术发展中音乐和服装相互影响，为艺术创作提供了灵感上的启发。

图4-31 运用音乐艺术激发创意灵感的设计作品（吴艳设计）

本章小结

■ 在创造性活动中，新形象与新思想的出现，常常带有突发的性质，这种心理状态人们称为“灵感”。

■ 在服装设计中，设计师对仿生学的运用主要在材料选择和设计手法上，通过模仿大自然中各种物态的特征，在恰到好处的艺术处理与创新中进行设计转化，使设计富有科学性、创新性、实用性，从而创新服装的造型形态、图案质感。

■ 服装材料是服装设计的重要组成因素。服装材料的仿生是对动植物的外皮、内部及细部结构进行模仿，可分为两个方面：一是面料材质的仿生设计；二是图案纹样、肌理质地的仿生设计。

■ 灵感思维是一个依靠知识和能力的积累不断存储、积淀的过程，其产生的背景是博大精深的知识体系。同时灵感思维也是一种由量变到质变的过程，具体来说就是显意识和潜意识交叉创造出的思维。

■ 民族文化是现代服装设计中的灵魂之一，是服装设计的创意源泉。世界上每一个民族，都有着各自的文化背景与文化内涵，无论是服装样式、文化艺术，还是风俗习惯等均有本民族的个性。

■ 创意服装设计是一门独立的艺术，但它并不是孤立的，它与其他艺术门类有着广泛联系，并深受其影响。创意服装也被称为“凝集的音乐”“行走的建筑”“烂漫的绘画”“幻化的影戏”等，相对于时装艺术来说的其他跨界艺术中包罗万象的信息都可以是激发服装设计师创意灵感的强大动力。

思考题

1. 仿生大自然的创意灵感有几种分类?
2. 简述常用的历史文化创意灵感表达。
3. 如何将建筑艺术运用在创意服装设计中?

第五章
服装设计创意表达形式

课题名称：服装设计创意表达形式

课题内容：1.抽象性创意表达

2.具象性创意表达

课题时间：8课时

教学目的：让学生了解服装创意设计抽象性创意表达与具象性表达的要点。在理解抽象性创意表达与具象性表达的基础上进行创意拓展练习。

教学方式：教师通过PPT讲解基础理论知识，学生在阅读、理解的基础上进行探究，最后教师再根据学生的探究问题逐一分析并解答。

教学要求：1. 要求学生全面掌握创意设计抽象性创意表达与具象性创意表达。

2. 要求学生能够根据具体的创意表达方式开拓出不同的服装创意思维。

课前（后）准备：课前提倡学生多阅读关于服装设计创意与表达的基础理论书籍，课后要求学生通过反复的操作实践对所学的理论进行消化。

服装设计创意表达的目的在于设计师将设计构思转化为可视形态，它能把设计师的设计理念和创作意图通过直接明了的视觉形式展现出来，使人们能够了解其设计意图并提出修改意见。现代服装设计呈现多元化、动态化以及数字化等特点，因此服装设计创意表达形式也更加多样，且在不同的时间和空间上的选择也各有不同，服装设计在进行创意表达时，可根据场景、内容、设计师偏好等选取与其相匹配的表达形式。服装设计创意表达需要集审美性、创造性、时尚性、表现力、设计感于一身，合适的表达方式能够准确、直观、有效地传达设计师的设计意图，在一定程度上提高设计效率。本章内容主要从两个方面进行阐述，一是抽象性创意表达，即形而上的、虚拟的表达方式；二是具象性表达方式，即将创意理念通过某种载体表达出来，便于人们理解。

第一节　抽象性创意表达

抽象性是指从众多的事物中抽取的本质性的特征。人们在实践过程中，通过自己的眼、耳、鼻、舌等感官直接接触客观外界，引起许多感觉，在头脑中有了许多印象，这就形成了对各种事物的感性认识。在服装设计中抽象性的创意表达需要更多从思维上去理解和思考，并非具象的载体表达。抽象性创意表达形式主要有语言型表达、抽象设计图表达、交流型表达、趋势型表达、虚拟型表达。

一、语言型表达

语言型表达顾名思义，即通过语言的形式将服装设计表达出来。可以利用口头语言的方式进行服装设计理念、思维、制作、呈现等方面的表达，但是在进行语言型表达时需要注意以下六点。

（一）条理性

在用语言表达服装设计时需要注重条理性，使听众能够听清、听懂，这就需要表达者在讲话时层次分明、条理清楚。否则，所讲的内容虽然丰富、优美，但是缺乏逻辑性，也会影响表达效果。

（二）通俗性

通俗性总体来说就是应该通俗易懂、明白畅晓。需要让听者明白设计师想要表达的服装是什么样子。要做到这一步，关键是叙述的语言不能一次性太长、修饰不要过多，运用各种服装专用名词并且合乎口语化表达方式，更通俗易懂，同时也须讲究文采，以便雅俗共赏。

（三）鲜明性

鲜明性指内容并不能只是客观陈述，还必须表明设计的鲜明性、阐明自己的设计亮点等，做到阐述清楚、创意明显。

（四）简洁性

简洁性是以最少的语言表达出服装设计的重点。要做到语言表达的简洁性，自己要陈述的内容须经过认真的思考、有序的梳理，抓住要点、明确中心。事前把这些事情梳理清楚，才能在语言表达时做到不拖泥带水、精准果断，注意文字的锤炼和推敲要做到精益求精。

（五）针对性

针对性指要考虑听者的理解能力、文化水平等方面情况，与现实紧密结合，设计师所设计的服装应该是听众所关注的服装，所讲的内容也应符合听众的理解和接受水平。

（六）准确性

准确性指合理运用服装专用名词，准确清晰地表达所要论述的事实和思想，总结出一般规律。只有准确的语言才能具有直观性，才能逼真地反映出服装的整体面貌和实际应用，才能为听者接受，达到准确表达的目的。

二、抽象设计图表达

服装创意表达其中一个较为常用的形式就是抽象设计图表达。抽象设计图表达是一种快速表达的方式，它贯穿于设计师设计服装的全过程。服装设计师在某一时刻有灵感，通过手下的笔、沙滩、土地等较为方便使用的载体记录刹那的灵感，也许设计图中并未有准确的结构线、设计效果等细节，更多的是一种设计理念的传达以及设计风格的体现。在旁人看来可能只是寥寥数笔的草稿，但是在设计师看来已经能清楚地传达想要表达的设计效果。

如图5-1所示是“老佛爷”卡尔·拉格斐（Karl Lagerfeld）的设计手稿，他曾说：“我所创造的大部分东西，都是在睡觉的时候看到的。最好的创意是那些最直接的创意，甚至不用经过大脑，就像是一道闪电！有些人害怕空白，有些人害怕开启新的项目，但我不是。”卡尔·拉格斐携手芬迪（Fendi）品牌合作50年，设计了超过5万张草图，每张都画出“精致漂亮”的手稿几乎是不可能的，他只需要在手稿上展示出设计效果即可，并不需要有非常精美标准的效果图。

此外，如川久保玲（Rei Kawakubo）的抽象设计图随意简单（图5-2），虽然只用了随性的线条，但是准确地表达出了设计廓型以及纹样，看似随意，却能够体现出许多流行趋势和细节。廓型设计风格等都在这些抽象设计图中清晰地展现了出来。

灵感往往依附于想象，而想象的东西是不能完全确定的，灵感可能是一瞬间的闪现，设计师需要迅速地记录下来。对于设计师而言，即兴出图是很正常的过程。设计师的手稿看起来虽然随性抽象但实际精致有型，他们的设计手稿中随意的线条，也能很清楚地传达想要的效果。

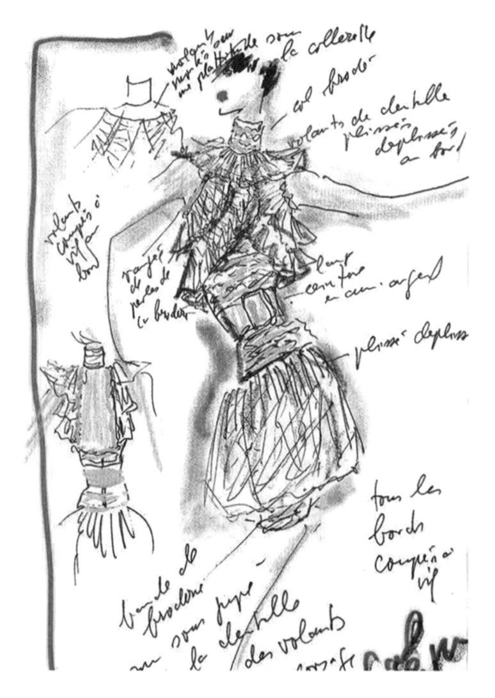

图5-1 卡尔·拉格斐的设计手稿

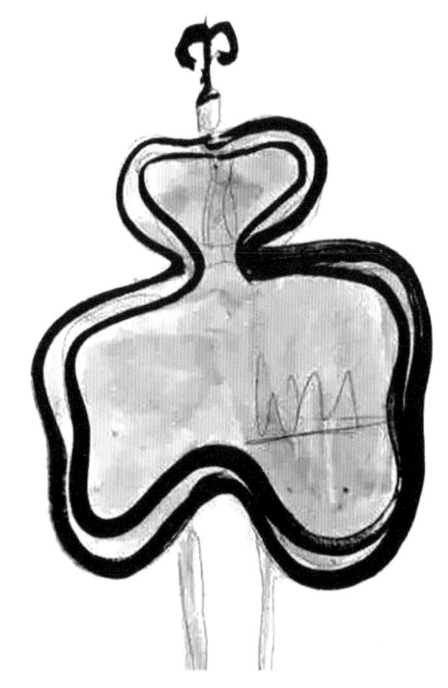

图5-2 川久保玲的设计图

三、交流型表达

交流是信息互换的过程，人们通过语言媒介把自己有的信息提供给对方。通过沟通交流，完成信息流动传播的过程。

在服装设计中的交流型表达是指服装设计师在与他人沟通的过程中，客户将自己脑海中的想法通过语言描述、图片展示、肢体表现等方式传达给设计师，设计师通过自己的理解和加工，将服装设计好呈现在客户面前。在设计作品完成之前的种种沟通、交流都属于交流型表达。交流型是你来我往的，并非是客户单方面去阐述自己的设计想法，也并非设计师单方面的创作。如高级定制中的定制婚纱（图5-3）、定制旗袍（图5-4）、定制西服等，客户将自身要求或灵感与服装设计师充分沟通和交流，将设计理念抽象化地通过语言表达出来，给出要求的大方向，如什么场合需要、穿着者的身份或角色等，再到细节使用什么材质的面料、什么样的色彩、什么样的款式等。设计师帮客户出设计图，设计师再与客户交流，将创作意图、创意以及设计细节等沟通清楚之后继续进行一系列包括制板、打样、成品制作等在内的流程。在每个流程中通过一次次沟通交流将作品设计完善。

图5-3　定制婚纱

图5-4　定制旗袍

在客户阐述自己的要求时，设计是抽象的。服装设计师将抽象化的东西具象化，则完成了一次交流型的表达。在交流表达中的双方主体，无论是表达者还是理解者，表达效果都会受个人生活经验、文化水平、心理状态、语言风格等因素的影响。服装设计师在设计服装的时候，应充分听取客户意见，了解客户需求，根据需求进行设计。

四、趋势型表达

服装设计师在绘制效果图的时候，或自觉或不自觉地会按照一定的方向性向某种风格靠近，这种趋势是感觉性的东西，在服装设计中会若有似无地体现出来，使整体设计呈现出某种趋势性，这个过程是抽象的，设计师在设计的过程中将其一步步具象化。

如日本服装设计师山本耀司（Yohji Yamamoto），他的母亲是一位裁缝，在母亲的耳濡目染下对服装感兴趣，又因为童年生活环境的影响，山本耀司偏爱去性别化的服装设计风格，山本耀司的服装中以男装的裁剪隐藏女性的躯体，将女性的曲线覆盖于层层衣褶之下，服装整体呈现出一种中性化的设计趋势（图5-5）。

图5-5　山本耀司服装中呈现的中性化趋势

设计师受到某种风格影响时，在自己的设计中会自主或不自主地去靠近这种趋势，所设计的服装都带有某种趋势性风格。各大服装趋势平台或色彩趋势平台以及各大时装周，每年或每季度都会发布时装新趋势、色彩新趋势等，设计师在了解服装趋势后，为了迎合消费市场，也可能在服装设计中有意地向趋势靠拢。如近年来元宇宙概念成为时尚潮流，面对虚拟时尚无限大的可能性，许多商家开始设计一系列虚拟时装，如图5-6所示。趋势性服装与个人风格、流行趋势、设计师所想表达的特点都息息相关，趋势是较为抽象的感觉，这种感觉通过设计师以服装为载体表现出来。

五、虚拟型表达

虚拟型表达可以分为两种情况，一种是指设计师运用一定的思维形式、美学法则，先在脑海中进行虚拟的构思，然后选择合适的表达方式将其表达出来。其通过合适的材

图5-6　虚拟时尚趋势的服装

料和相应的制作工艺手段表达出来时是具象化的，但是其在脑海中的构思过程是虚拟的。另一种是现代社会发展之后，对服装设计表达方式进行的一种延伸，如虚拟试衣、虚拟秀场等。用户不需要去店内试衣服，也不需要脱去上衣，就能够实现“变装”，没有任何模特、观众足不出户就能欣赏各大时装周的景象。高新技术的加持为人们开启了一个前所未有的时代。随着AR、VR等虚拟技术的发展，新一代设计师将开始拓宽设计的界限，为时尚产业注入创新活力。

虚拟服装是信息技术领域和服装领域交叉融合的产物，具体是指利用虚拟现实技术、图形学技术和仿真技术等手段对服装布料进行仿真模拟，其本质是数字化服装。虚拟服装可以始终以非实物的形式存在，例如2019年轰动一时的由The Fabricant公司开发的一款基于区块链技术的数字虚拟服装（图5-7），它本质上是一种以服装为表现形式的加密货品。虚拟服装也能以虚拟形式定稿后再投入实际生产，以提高设计的准确性，达到一次性开发成功的效果。虚拟设计赋予了服装产品更多的价值，服装可拥有与之对应的数字孪生体，既能以数字虚拟的状态存在，也能生产出实物进行穿着。虚拟时装可有效缓解时尚行业面料的可持续发展问题，推动企业的可持续转型。

虚拟型表达为时尚产业认识世界、改造世界扩宽了视野，把商业场景从物理空间拓展到虚拟空间，也使消费需求继续扩大。结合当下的时代背景，在线下渠道受限的情况下，数字化的线上渠道成为消化库存的重要渠道。虚拟服装技术使消费者能在更大程度上参与协同设计，实现服装定制，从根源上避免库存问题，也能在一定程度上节省人力、物力、时间等生产要素。

图5-7 The Fabricant公司开发的虚拟时装

第二节 具象性创意表达

具象性表达是指具体的、不抽象的表达，也指具体的形象，具象性表达是设计师在进行服装创作构想过程中活跃在设计师头脑中的基本形象，也是设计师创作的基本要求。

具象性创意表达是指使用较为直观的方法展示服装设计，具象性创意表达更具有直观性，更便于受众理解和接受，具有一定的视觉冲击力，表达方式也较为多样，需要设计师根据自身服装设计的特点、受众群体、设计师偏好等方面去综合考虑，以选择最适合自身的服装设计的创意表达方式。

一、设计效果图表达

设计效果图是指服装设计师通过点、线、面及色彩等要素，表达设计构思、体现款式成品在人体着装后效果的一种平面绘画形式。服装效果图为款式设计部门和结构设计部门架起了沟通的桥梁，也为设计效果的最终实现提供了重要的技术保障。设计效果图的表现是服装设计的一个重要环节，也是设计师以绘画的形式模拟表达构思的一种重要手段。因此，设计师在绘制设计效果图的时候，着重完成对于服装设计预想、构思的描绘，并始终以人体形态为服装造型的主要依据。设计效果图的表达形式可以分为夸张型设计效果图和写实型设计效果图。

（一）夸张型设计效果图

夸张型服装设计效果图指的是用于宣传和欣赏的时装插画，或是能凸显服装设计部件的或是夸张人体比例的服装效果图。常见的有马克笔时装画、水彩时装画、电脑时装画等。正常的人体头身比例一般为1∶7（图5-8），而夸张型的设计效果图人体头身比一般为1∶9（图5-9）。通过夸张肩部、收小腰部、拉伸颈部和拉长腿部等方式呈现设计款式的艺术效果。因此，夸张型设计效果图所表现的人体形态是在基本形态的基础上，结合服装设计风格进行适当的夸张，并不能直接作为板型设计的数据依据。

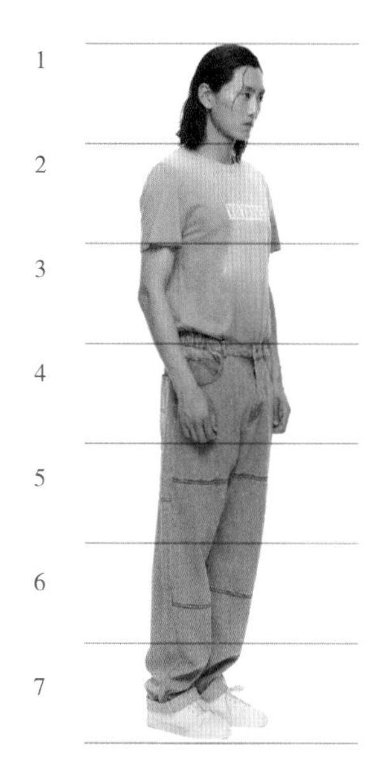

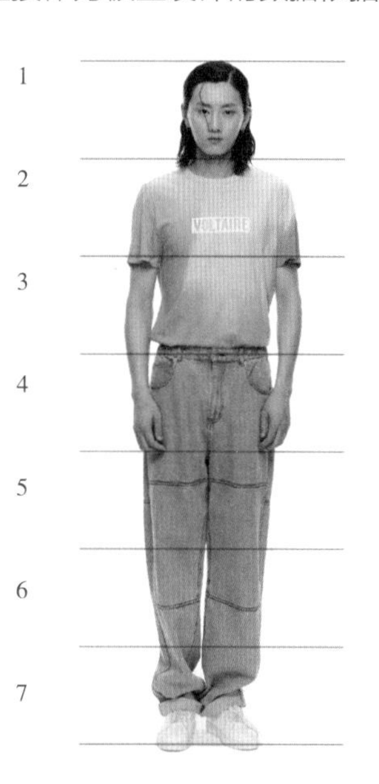

图5-8　一般的人体头身比1∶7

（二）写实型设计效果图

写实型设计效果图要正确、完全、客观地描绘所表达的服装效果。围绕服装的款式、色彩、面料等要素以写实的手法表现特定的内容，如服装的真实面貌或使用的真实场景，效果形式直观、一目了然。写实性的设计效果图表现手法多样，水粉、水彩、马克笔、电脑绘画等方法均可应用。写实型服装效果图上应能准确表达出服装设计的色彩、面料、饰品等（图5-10、图5-11），在设计中遵循真实的人体比例以及人体穿着效果。好的写实型效果图应该比服装本身和着装模特更具典型性，更能反映服装的风格、魅力与特征，也更加充满生命力。好的效果图能够把服装美的精髓、美的灵魂直观地表现出来。

另一类写实型效果图为服装款式图，分服装正面款式图和服装背面款式图。在款式图中一般会标记出服装制作细节，如使用的面料、服装尺码、服装长度、绗缝位置、具体辅料的使用等（图5-12、图5-13），重在以平面形式表达服装特征。可作为服装企业在生产时候的样图，起到规范指导的作用。

图5-9 时装画中的人体比例一般为1：9（毛婉平绘制）

图5-10 写实型服装效果图一（孙路苹设计）

图5-11 写实型服装效果图二（孙路苹设计）

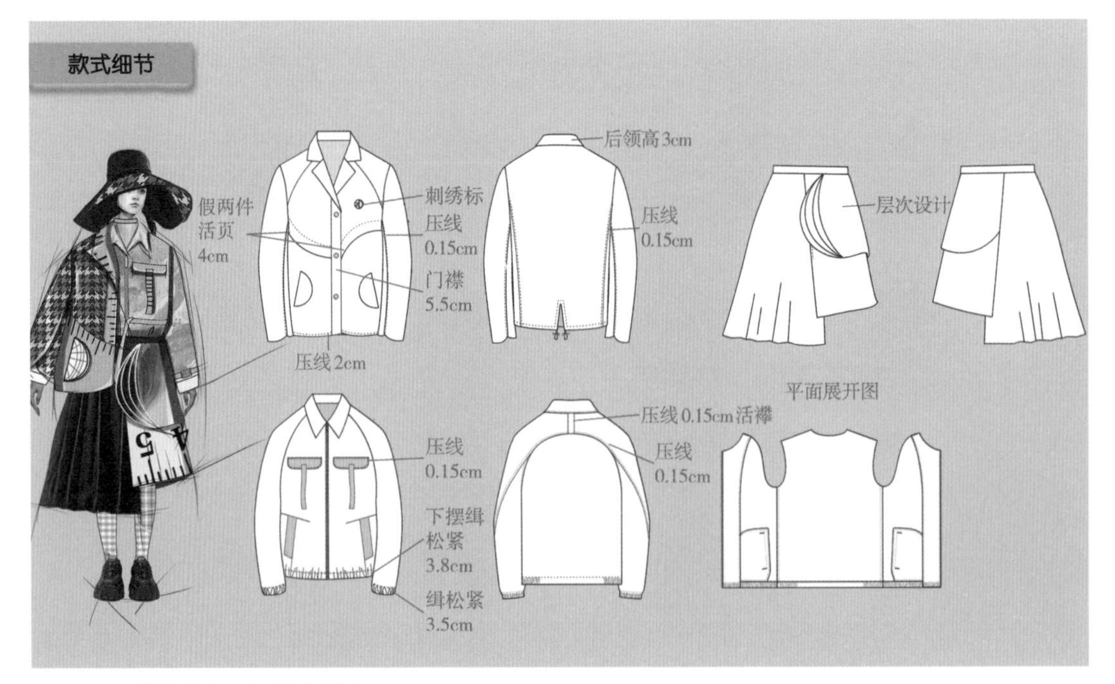

图5-12 服装款式图一（孙路苹设计）

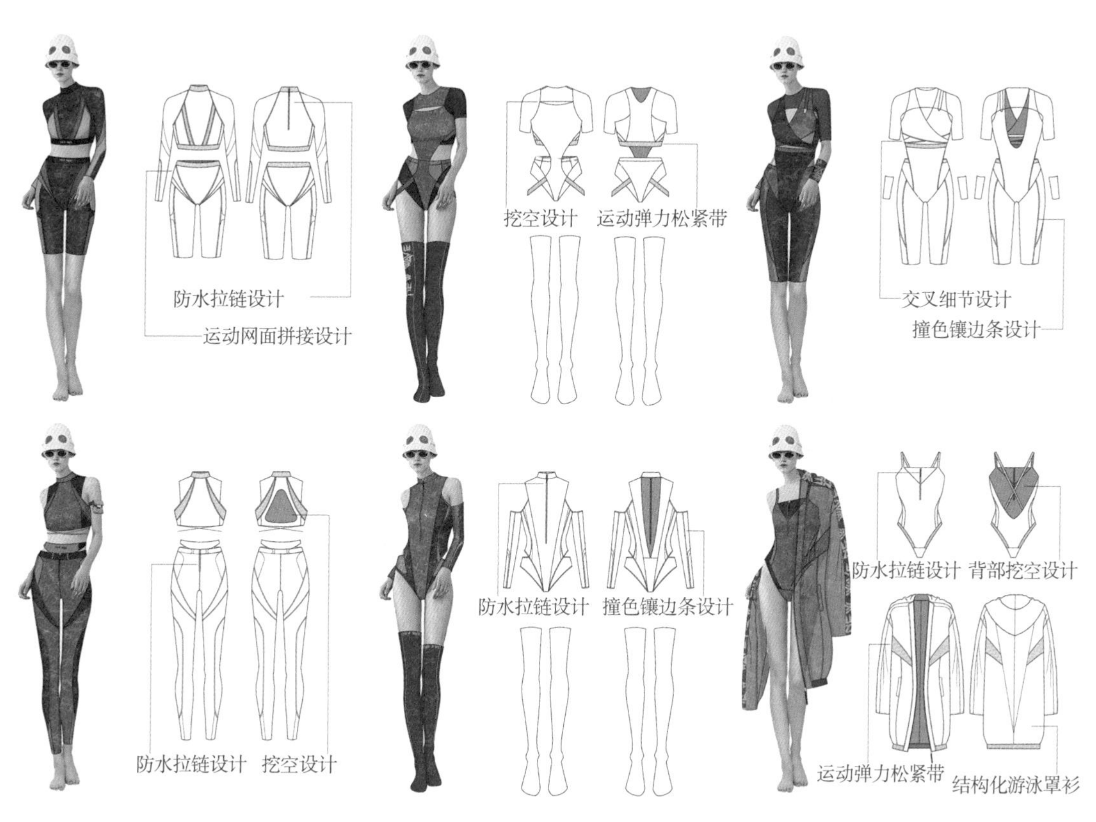

图5-13　服装款式图二（王胜伟、林艺涵设计）

图5-14　旗袍原型（图片来源：中国民族博物馆官网）

但是在写实的过程中，并不意味着需要面面俱到，而是应该主次分明地强调服装的内容，弱化其他细节。将服装设计中重点要素如廓型、色彩、面料、结构线、装饰等设计亮点一一表现出来。

二、原型二次设计表达

服装原型是服装的基础型，是构成各种形态服装的一种基本架构。掌握服装的原型特征，在具体应用中就能有的放矢，有些是必须要恪守的，有些则可以灵活变化进行二次设计表达。

如掌握了旗袍的基础原型后，可以根据旗袍的原型进行二次设计。如图5-14

所示，传统的旗袍形制具有结构简单、造型宽松、腰身平直、衣长至踝、重镶复滚等特征，这些旗袍特征一直延续到清末民初。后由于社会的发展及审美的变化，旗袍服饰特征逐渐发生变化，人们在旗袍原有的形制上进行二次设计。如图5-15所示，近代的改良旗袍形制主要是立领，右衽，连袖、接袖或无袖，收腰，两侧开衩，圆摆或直摆，衣长及膝至踝。如图5-16所示，近年来新中式、国风的出现和兴起，设计师们纷纷对旗袍进行了再次设计，迎合了当代年轻人的审美，新中式旗袍变化较大，一般保留了基础立领和盘扣经典元素，衣长不固定，也有上下分体式设计。

图5-15 近现代改良旗袍（图片来源：中国民族博物馆官网）

图5-16 新中式旗袍

设计师在对原型进行二次设计的时候，可以采用由直身到曲线、加入省道、创新工艺、改良肩袖、创新图案等方式。将设计中优良或是有特色的部分保留，再加入创新设计，创造出新的服装。对服饰进行二次设计应加强创新，将新想法、新观念融入其中，才能与时俱进、立于时代前沿。

三、图片再造设计表达

图片再造指的是服装设计师将收集的相关图片材料进行修剪、拼贴，最后重组成一个新的整体。其手法类似于解构主义，用这种方式设计出的服饰也颇具解构主义色彩，在寻找服装创意设计灵感时多采用此方法。在使用图片再造设计时，需要多方面搜集图片素材，将相应的图片素材进行分类整理，可以使用电脑绘制的方式，也可使用打印成纸质实物的方式进行拼贴。

（一）电脑图片再造设计

设计师进行电脑图片再造设计时，要多方面搜集需要的服装款式，并整理成为文件夹，在电脑上多使用Photoshop（简称“PS”）等工具进行再造设计。如需要设计出一件外套，设计师可以多方面搜集一些图片素材，如一个具有设计感的领子、一件肩部设计非常具有美感的外套、特别喜欢的一张纹理图案等，都可以是创作的素材。设计师将素材平铺在自己的PS软件上，使用PS工具将其裁剪、拼贴，组成一件全新的外套。最后使用画笔工具，将刚刚拼贴出的服装廓型勾勒出来。这就是电脑图片再造设计的常见方法（图5-17）。

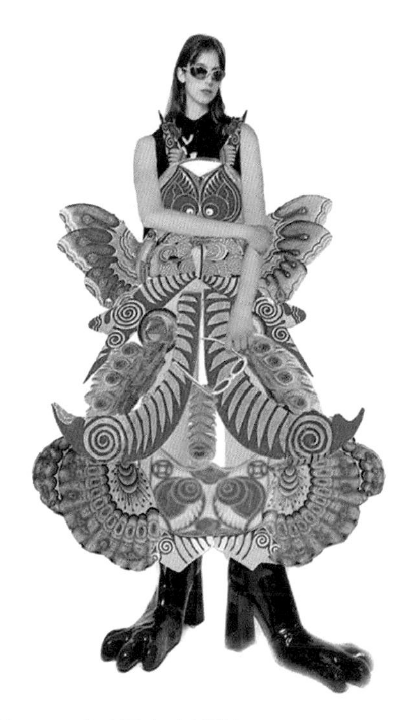

图5-17　电脑图片再造设计

（二）实物图片再造设计

设计师进行实物图片再造设计时，首先，同样要多方面搜集需要的款式图案，将其尺寸大小更改为一致，使用打印机打印出图片。其次，选择一张白纸，上面可以事先绘制出人体，将打印出的图片进行裁剪，将各方面的元素进行拼贴、重组，最后得到一个全新的服装款式（图5-18）。

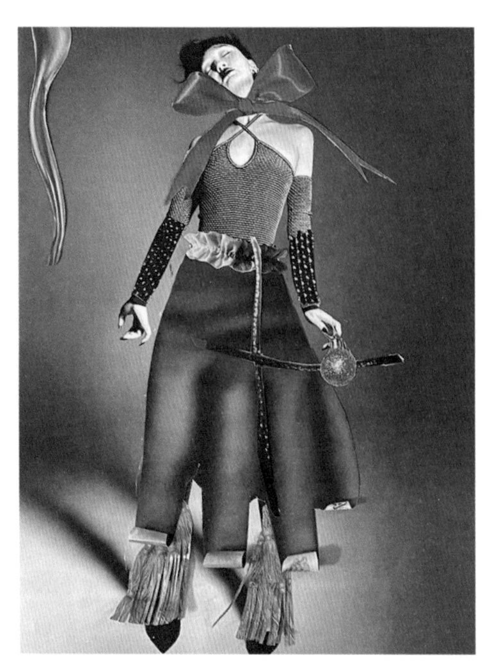

图5-18 实物图片再造设计

这两种方法是图片再造设计中常用的方法，也是服装设计创意表达中寻找服饰廓型灵感的常用方式。通过打乱重组，往往能得到意想不到的效果。在服装创意设计遇到瓶颈时，不妨多动手去尝试，也许就是一件优美服饰的设计开端。

四、多元拼接设计表达

多元拼接可以分为多种，如多元色彩拼接，即不同的色彩进行拼接；多元面料拼接，即不同的材质面料进行拼接；多元风格拼接，即不同风格的服装进行搭配；以及多元解构拼接，即将服装进行解构后再拼接等。各种拼接方式能够产生视觉上的差异感，使服装更具时尚感。

（一）多元色彩拼接

色彩拼接是服装设计中常见的方法，通过色彩之间的对比碰撞，营造出亮眼的设计效果。通过使用色彩拼接的方式也能使服装更修饰人体。通过撞色拼接创造出不同的块状结构为服装营造个性化和定制化空间，色彩的不同会呈现出错落有致的美感。

不同色彩的拼接能够增强服装的多变性和肌理感，以局部进行拼接能够使服装更具设计感，如服装门襟、领部、口袋等部位的拼接、点缀（图5-19）；撞色搭配使得服装更具有复古感，亮色拼接使得服装更具张扬活泼的气息。

图5-19 多元色彩拼接

（二）多元面料拼接

不同肌理的面料叠加可以表现出丰富的材料美，在拼接中通过不同面料的碰撞，将设计师的灵感线索移植到面料材质及色彩、廓型中。多元面料拼接是皮衣皮草上重要的工艺设计方法，拼接工艺在其他异质拼接中延伸出新的变化，如以机织、针织面料材质拼接碰撞，实现多元共生。如经典风衣面料与皮草材质构成鲜明的质感与色系对比，局部拼接于领子处，保暖不臃肿，复古与时尚兼具，皮草元素更强化了风衣的保暖性（图5-20）。不同的材质拼接配合错落的裁剪，可形成别具一格的造型层次，运用不同的面料质感提升材质对比，打造视觉和触觉的双重体验（图5-21）。

（三）多元风格拼接

不同风格的服饰进行拼接混搭能展示出不同的设计效果。如商务装与休闲装的搭配，运动风与复古风的搭配等。将多元风格的服饰相拼接，可以增强设计的实用性，具备多场合穿着的功能，如图5-22所示的运动风格羽绒服。在当今社会，消费者追求更加健康、轻松的生活方式，因此多场合切换自如的运动休闲风成为一种新的潮流。在基础的中长款大衣上拼接抽绳设计使其更加具有调节保暖的特性，增加带拉链的连帽设计，使服装更具有休闲质感，时尚与运动元素兼备的大衣更具备多场合穿着的功能。

图5-20 在服装领口和袖子拼接面料

图5-21 皮草和机织面料的拼接

图5-22 多元风格拼接

（四）多元解构拼接

解构拼接的设计手法能够使用简洁的块片进行拼接，如结构拼接、口袋拼接以及不对称拼接等。解构拼接能为传统的服装廓型注入新鲜的设计感，使简单的服装变得更有层次感（图5-23）。

图5-23 解构拼接设计的服装

服装进行多元拼接的方法并不是一成不变的，设计师在进行设计的时候应选择与服装风格相匹配的拼接方式，也可以多种拼接方式搭配，强调设计重心，使服装更具有观赏性及实用性。

本章小结

■ 服装设计创意表达的目的在于设计师将设计构思化为可视形态，它能把设计师的设计理念和创作意图通过直接明了的视觉形式展现出来，使人们能够了解其设计意图并提出修改意见。

■ 服装设计创意表达形式随着社会发展逐渐多样性，在不同的场景下具有不同的表达形式，可以分为抽象性表达和具象性表达。

■ 抽象性创意表达是指从事物中抽取本质性的特征，没有具象的载体进行表达。

■ 抽象性创意表达可以分为语言型表达、抽象设计图表达、交流型表达、趋势型表达、虚拟型表达。

■ 语言型表达即通过语言的形式将服装设计表达出来。可以利用口头语言的方式进行服装设计理念、思维、制作、呈现等方面的表达。

■ 抽象设计图表达是一种快速表达的方式，它贯穿于设计师设计服装的全过程。

■ 在服装设计中的交流型表达是指服装设计师在与客户沟通的过程中，客户将自己脑海中的想法通过语言描述、图片展示、肢体表现等方式传达给设计师，设计师通过自己的理解和加工，将服装设计好呈现在客户面前。

■ 虚拟型表达可以分为两种情况，一种是指通过设计师运用一定的思维形式、美学法则，先在脑海中进行虚拟的构思，然后选择合适的表达方式将其表达出来；另一种是现代社会发展之后，对服装设计表达方式进行的一种延伸，如虚拟试衣、虚拟秀场等。

■ 具象性创意表达是指具体的形象，指采用较为直观的方法展示服装设计。

■ 具象性创意表达可以分为设计效果图表达、原型二次设计表达，图片再造设计表达、多元拼接设计表达。

■ 设计效果图是指服装设计师通过点、线、面及色彩等要素，表达设计构思，体现款式成品在人体着装后效果的一种平面绘画形式。

■ 图片再造指的是在服装设计时将收集的相关图片材料进行修剪、拼贴，最后重组成一个新的整体。

思考题

1. 在进行语言型表达时需要注意哪些要点?
2. 设计效果图表达有哪些方式?
3. 简述图片再造设计表达的方法。
4. 简述多元拼接设计表达的主要分类。

第六章

服装要素设计创意与表达

课题名称：服装要素设计创意与表达

课题内容：1.服装色彩设计创意与表达

2.服装款式设计创意与表达

3.服装材料设计创意与表达

4.服装局部设计创意与表达

5.服装整体设计创意与表达

6.服装配饰设计创意与表达

课题时间：12课时

教学目的：要求学生掌握服装要素设计创意与表达要点，并在此基础上进行服装要素创意与表达的多方位创意拓展训练。

教学方式：教师通过PPT讲解基础理论知识，学生在阅读、理解的基础上进行实样模仿、操作练习，最后教师再根据每位同学的独立练习进行指导。

教学要求：1. 要求学生掌握服装要素设计创意与表达要点。

2. 在以上基础上进行服装要素创意与表达的多方位创意拓展训练。

课前（后）准备：课前提倡学生多阅读关于服装设计创意与表达的基础理论书籍，课后要求学生通过反复的操作实践对所学的理论进行消化。

就服装设计本身而言，它是一种以人为主体，根据设计师的创意构思，依照预想的造型结构，选用一定的材料，通过特定的工艺制作手段，将艺术与技术结合起来的创造性活动。色彩、款式、材料作为构成服装设计的三大基本要素，在服装设计创意与表达的过程中，它们相互制约、又相互依存。其中，服装色彩创意设计是影响服装整体视觉效果的主要因素。服装款式创意设计是服装设计主体的框架，也是服装造型的基础。服装材料创意设计是体现款式设计的基本素材。除以上三大基本要素之外，服装局部、整体、配饰等要素在服装设计创意与表达中也极为重要。设计师充分发挥其独特的创造力和想象力，用现代时尚语言与深厚的文化积淀赋予设计作品情感化、个性化、艺术化、实用化的特质，从而实现服装设计作品的独创性。

第一节　服装色彩设计创意与表达

服装色彩在一定程度上影响着服装设计的创意与表达。在服装色彩设计中，为了更好地营造服装的整体艺术氛围和审美情趣，设计师经常运用一些方法对服装色彩进行创新性表达，呈现出更为新颖的视觉效果。色相、明度、纯度作为色彩的三大属性，也是服装色彩设计创意与表达的必要工具。不同的色相、明度、纯度之间的搭配产生的情感和创造的氛围也是截然不同的。服装色彩设计创意与表达需要设计师借鉴素材、提炼素材中的色彩关系，选择色彩配比，通过对色彩运用、搭配的创意设计，实现服装整体设计的独特性效果。

一、不同色相的设计创意与表达

色相在色彩的三大属性中相对容易辨别和理解，因此，在色彩运用、搭配的创意上也最为基础。如图6-1所示，从色相的角度出发，按照它们在24色色相环中所处的位置，任选一色作为基色，则可以把色相对比分为同一色相、邻近色相、类似色相、中差色相、对比色相、互补色相等多种类别。

色相配色是指用不同色相相配而取得变化效果的配色方法。它与明度差、纯度差变化相比较为明显，在服装色彩视觉效果中往往会起到导向作用。色相配色形式取决于不同色相在色相环上的距离与角度。在以上六种色相配色类别中，同一色相、邻近色相（图6-2）、类似色相呈现的色彩关系较稳定和谐，而对比色相、互补色相呈现出的色彩关系对比强烈。

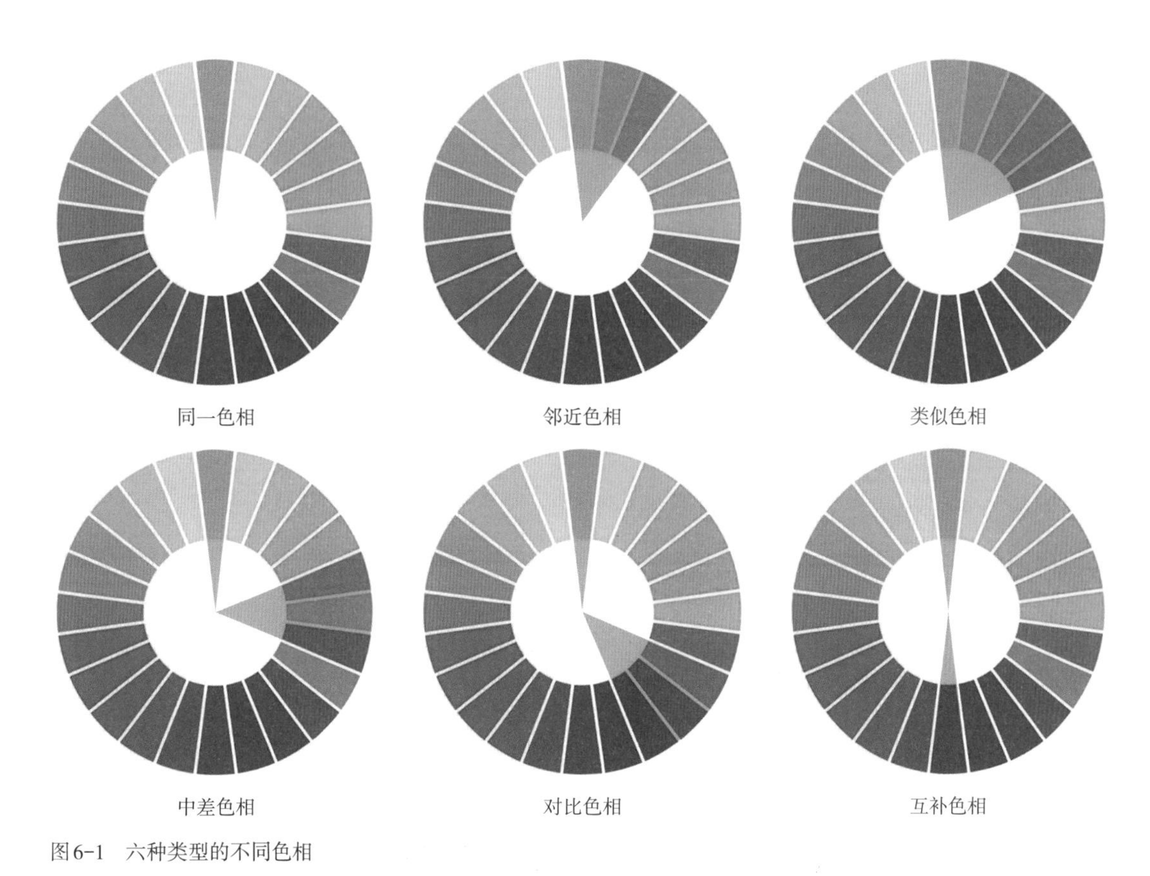

图6-1　六种类型的不同色相

图6-2　邻近色相的服装色彩设计创意与表达（王胜伟、翟嘉艺设计）

二、不同明度的设计创意与表达

明度是指色彩的明暗程度，是从感觉上来说明颜色性质的，也称“亮度”“深浅度”“明暗度”或“层次”。我们一般把明度分成从黑到白的强度等级，黑白之间是一系列的灰，色彩的明暗变化是十分重要的。一个画面只有色彩而没有深浅的变化，就显得呆板，不生动，缺乏立体感，从而失去真实性。如图6-3所示，运用荧光绿与灰色进行色彩搭配设计，便可以呈现出和谐的视觉效果。明度是服装色彩设计创意与表达细微层次变化的重要手段。

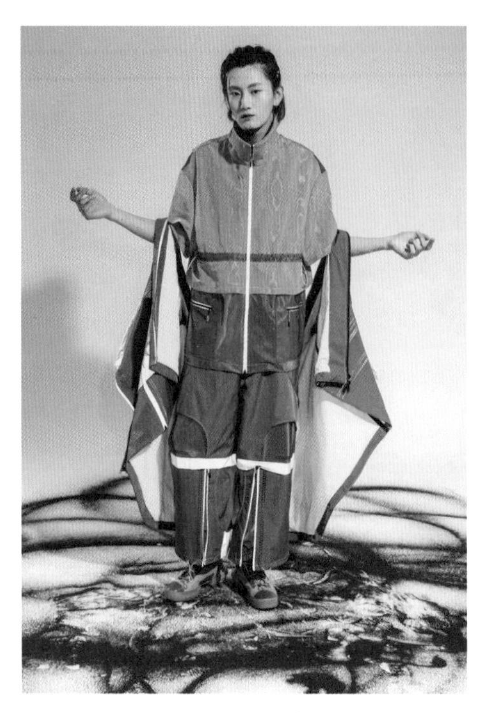

图6-3 不同明度的服装色彩设计创意与表达（林艺涵设计）

三、不同纯度的设计创意与表达

纯度也称“饱和度”“鲜度”“彩度”，是指颜色的纯洁性。可见光谱的各种单色光是最饱和的彩色，当光谱色加入白光成分时，就变得不饱和。如图6-4所示，以红色为例，有鲜艳无杂质的纯红，如干枯玫瑰的“凋玫瑰”红，也有较淡薄的粉红。它们的色相都相同，但纯度不一。纯度常用高低来表述，纯度越高，色越艳；纯度越低，色越浊。

如图6-5所示，以大地黄色作为服装的主色，被运用于舒适暖绒感的双面异色大衣上，彰显了柔性静谧的女性气质；搭配轻职业感的内搭和有质感的裤装，创造出暖意无边界的率性美。

图6-4 不同纯度红色的服装设计创意与表达

图6-5 不同纯度黄色的服装设计创意与表达

第二节　服装款式设计创意与表达

服装款式设计创意重点强调服装设计中的造型因素，是突出款式设计的方法。如廓型、结构、局部造型以及一些工艺手法等，都是影响服装设计空间造型的因素。服装设计中的空间造型根据不同的要求，其造型的程度也不一样，有的十分夸张，有的却很平常，有平面、也有立体的形态。如西服和夹克强调内部造型点、线、面的形式感，礼服则要注意外轮廓的影像效果，夏日的裙装就较为倾向动态造型。服装造型有大有小、有虚有实，有非常具体的造型，如纽扣、线迹或省道；也有若隐若现的，如透明、重复或褶皱等。服装造型就是以人体为基型，在不考虑面料、色彩等设计要素的情况下，单纯从造型角度进行设计，并用材料和一定的工艺手段，塑造一个立体的服装形象。服装材料具有柔软性、悬垂性、适应性、伸缩性等特点，针对这一特征，服装有其独特的造型方法和规律。设计者应善于利用造型要素与结构要素的丰富含义和节奏美感，通过不同比例和形状的搭配，给设计赋予不同的外形与结构。在设计创意中，服装款式设计创意的方法可分为基本造型方法和专门造型方法。

一、服装外部廓型设计创意与表达

服装的廓型即服装的外轮廓、外形线，是服装被抽象化了的整体外形，是设计师所表达的最强烈的信息之一，也是服装最先给予人的直接而深刻的视觉印象之一。服装作为直观形象，呈现在人们视野里的首先是类似剪影的呈现轮廓特征的廓型线。服装廓型线是服装风格、服装美感表现的重要因素，服装廓型设计是服装设计的重要依据，是时装流行最鲜明的特点之一。

世界万物，形态各异，如郁金香娇柔圆润的外形、凤尾竹修长洒脱的剪影、哥特式教堂硬朗尖锐的屋顶等，都是设计服装取之不尽、用之不竭的灵感来源。

（一）服装外轮廓设计创意与表达的分类

1. A形（A-line）

A形廓型也称“三角形廓型”，该廓型的服装在其肩部、臂部、胸部较为贴体，胸部以下逐渐向外扩张开，形成上窄下宽的A字造型（图6-6）。A形服装具有活泼可爱、流动感强、青春活力等特点，被称为“年轻的外形”。其造型多用于风衣外套、连衣裙、半身裙等服装上。A形廓型于1955年由克里斯汀·迪奥（Christian Dior）首创，20世纪50年代在全球的服装界中都非常流行。

图6-6 A形廓型（右图为王胜伟设计）

2. X形（X-line）

X形廓型又称“沙漏形”。是具有强烈女性体征的轮廓，能充分展示女性优美舒展的曲线轮廓，体现出女性的柔和、优美、女人味与雅致的体态特征（图6-7）。X形廓型主要是通过强调或夸大肩部及下摆造型，腰部收紧或贴合人体，使整体呈现出字母X的外部造型。

近代的服装大师有很多使用X造型来创造出新风尚。例如法国服装设计师克里斯汀·迪奥于1947年推出的女士服装新款式——新风貌（New Look），圆润平缓的肩线、纤细的束腰、用衬裙撑起来的宽大裙摆，裙长过小腿，整个外形十分优雅，女性味十足。X形在淑女风格的造型中运用较多，许多晚礼服的设计也采用X形，整体塑造出优雅、经典的感觉。

3. T形（T-line）

T形廓型的特征是强调夸张肩部造型，下摆贴体或收紧，形成上宽下窄的外部造型，整体呈T形或倒三角形（图6-8），适合展现中性、阳刚、洒脱大方的风格。在设计上主要通过使用垫肩或在肩部通过面料的堆积等方式使肩部造型较宽大，呈现出力量感和权威感，多用于中性服装、前卫服装、表演服装及男装上。

图6-7　X形廓型

图6-8　T形廓型

强调女权主义的20世纪80年代，T形廓型非常流行，“商务女性”的概念发展了起来，为了增加双肩的宽度，衬衫中都带有厚实的垫肩，给女性服装带来了一些中性色彩。延伸的肩线和坚硬的肩角刻画出职业女性干练、精明的形象。

4. O形（O-line）

O形廓型呈现茧形、纺锤形或卵形。其造型特点是肩部自然贴合人体，肩部以下逐渐外扩，至下摆逐渐收紧（图6-9）。整个外形较为饱满、圆润，呈现活泼、生动、有趣的风格，适合表现夸张、大气的服装，常用于日常服装中的外套、羽绒服、运动装、家居服及创意服装、舞台服装等。

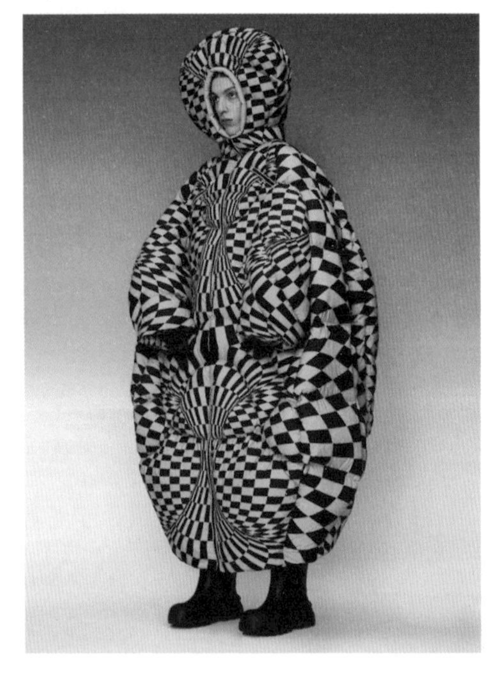

图6-9 O形廓型

5. H形（H-line）

H形也称“矩形”“箱形”“筒形”或“布袋形”，其造型特点是没有夸张的造型，肩部、腰部、臀部及下摆等处均自由宽松，不刻意做收紧或夸张，形成外部造型整体为字母H形的轮廓（图6-10）。H形整体风格宽松、随意、自由，适用于中性服装、休闲装、男装等。

20世纪20年代的女士日装多采用H形，新潮女装的裙型是直线裁剪，曲线统统被抛弃，腰线逐渐下移到了腰部和臀部之间。不过当时的服装廓型还没有以英文字母命名。1954年，H形由克里斯汀·迪奥正式推出，1957年被法国时装设计大师克里斯特巴尔·巴伦夏加（Cristobal Balenciaga）再次推出，被称为“布袋形”，20世纪60年代风靡一时，20世纪80年代初再度流行。

图6-10　H形廓型

6. S形（S-line）

S形是一种极具女性特征的廓型，其造型特点是强调胸部、收紧腰部、突出臀部、收紧下摆、注重贴体，流畅的长线条强调曲线，充分展示女性的曲线之美（图6-11）；适合表现性感、妩媚的女性化服装风格。

图6-11　S形廓型

（二）服装外轮廓设计创意与表达的方法

1. 极限夸张法

对构成服装的轮廓线进行夸张或缩小，追求其造型上的极限效果，从中确定最理想的轮廓形态。极限夸张法可将原型整体放大或缩小，也可以将原型自由分割以后再任意选择其中分割后的局部进行放大或缩小，其特点是方法灵活、便于掌握（图6-12）。

图6-12 极限夸张法的创意设计表达

2. 几何造型法

几何造型法指利用简单的几何图形进行组合变化，从而得到符合设计需求的服装廓型的方法。几何模块可以是平面的，也可以是立体的。具体做法是：用纸片做成各类简单几何形，如圆形、椭圆形、正方形、长方形、三角形、梯形等，然后将这些简单几何形在以合适的比例描绘出来的人体上进行拼排，拼排过程中注意比例、节奏、平衡等形式美法则。经过反复拼排，直到出现满意的造型为止，此时这个造型的外层边缘就是服装的外轮廓造型（图6-13）。

图6-13 几何造型法的创意设计表达

3. 直接造型法

直接造型法采用立体裁剪原理，运用布料直接在人台或模特身上造型。直接造型法更加直观准确，一般不会出现难以解决的空间矛盾问题。转化成服装设计作品时，对服装结构上的处理更加可靠，所以用这种方式进行造型设计，最能保证设构想与作品最终效果的一致性（图6-14）。

图6-14　直接造型法的创意设计表达

二、服装内部结构设计创意与表达

服装的内部结构设计，指的是服装内轮廓线型的设计，是服装外轮廓线以内的零部件的边缘形状及内部造型的线型设计。服装的结构与廓型是相互依存的关系，合体的廓型必须选择合体的结构，而宽松结构决定了廓型的宽松性。服装的结构大体上由处理余缺的三种方式构成，即省道线、分割线、褶形线。

（一）省道线

省道线是服装裁片依据人体不同部位曲面进行余缺处理所形成的线型。根据人体不同的位置，它可分为胸省、腰省、肩省、后背省、臀位省等。省道线的设计应符合款式设计的需要，在设计中可作为造型的辅助手段加以转移、隐藏，以突出其他设计元素；也可作为款式的重要细节，被夸张、强调，以突出其装饰效果（图6-15）。

图6-15　省道线

（二）分割线

分割线是依据省道的优化方式转变而来的，它在结构设计中形式最多、变化最丰富、最具表现力，是服装结构中常用的表现形式。其形式可分为：垂直分割、水平分割、斜线分割、弧线分割、非对称分割、变化分割等。分割线又称“剪切线”，分为装饰性分割线和功能性分割线。装饰性分割线是指为了造型的需要，附加在服装上起修饰作用的分割线，分割线所处部位、形态、数量的改变，会引起服装造型艺术效果的变化；功能性分割线具有适合人体体型及加工方便性的工艺特征，一般出现在合体服装上，并通过人体曲面最大曲率的工艺点附近（图6-16）。

图6-16　分割线

（三）褶形线

褶同样是省道优化的表现形式，在对人体表面的余缺处理上，褶具有宽松、温和的特性，不同于省道线和分割线那样具有明显的确定性。褶的外观形态有阴褶、明褶、顺褶与立褶，其造型形式有碎褶、工字褶、缉褶、缆褶、瓦楞褶、风琴褶、自然褶、波浪褶等，变化极其丰富。它既能把服装面料较长或较宽的部分缩短或减小，使衣片适合人体，并给人体以较大的宽松量；又能制作出更多的装饰性造型，增强服装的艺术效果（图6-17）。

图6-17　褶形线

三、服装局部细节设计创意与表达

服装款式细节设计主要是指服装的局部造型设计，是对服装廓型以内的各零部件的边缘形状及内部结构的设计。它包括领、袖的形状，腰身的曲度，门襟的样式，口袋的造型，袖口的装饰，底摆的宽窄，材质的肌理，图案的布局，配件的位置，褶皱的形态等。

（一）变形法

变形法是对原有的零部件形态进行符合设计意图的变形设计。用挤压、拉伸、切开、弯曲、扭转、填充等手法，加上材料的细节变化，如材料的软硬、光糙、厚薄、粗细等，使同一个形态产生不同的观感（图6-18）。

（二）移位设计法

移位设计法是将有特色的部件形态和线型在外轮廓线以内做移位设计，通过上下、左右、前后、正斜的位置变化及大小、数量、重叠等的不同，产生新的造型面貌（图6-19）。

图6-18　变形法

图6-19　移位设计法

（三）工艺变化设计法

工艺变化设计法是将服装的零部件进行装饰工艺变化处理，以达到设计变化的目的。如充分运用镶、嵌、滚、缉、贴、包、盘、绣、染、立体装饰等工艺的设计变化来表现设计构思的风格特征（图6-20）。

（四）附件装饰法

服装附件种类繁多，且具一定的功能性和装饰性，在服装的零部件设计中利用各种质地的拉链、绳、扣、襻、纽扣、人造花等附件的风格与特点进行装饰性设计，不仅实用而且还起到“画龙点睛”的作用（图6-21）。

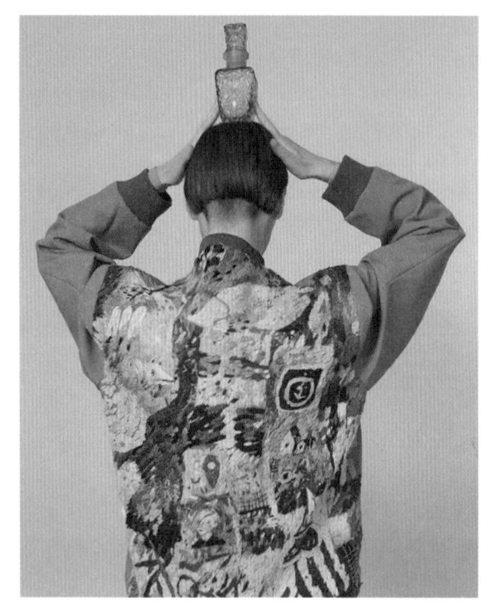

图6-20 工艺变化设计法

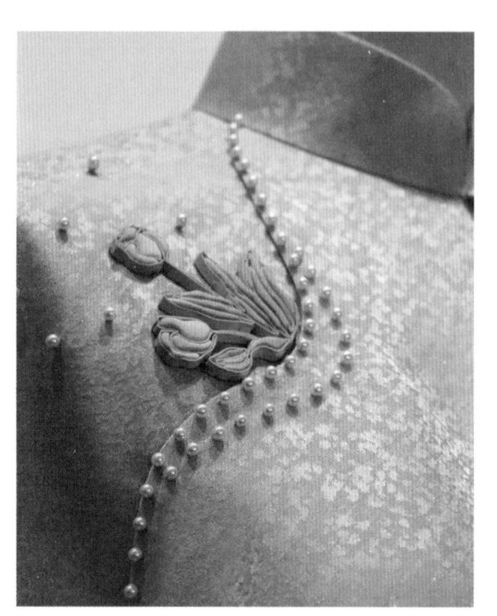

图6-21 附件装饰法

第三节 服装材料设计创意与表达

从服装材料设计创意入手，是加强服装审美情趣设计的重要途径。海螺凹凸不平的表面、层层叠叠的羽毛、器皿的金属外表等都呈现出不同材质的肌理效果。对这些材质肌理的模仿和应用，可以使服装产生极其丰富的艺术感染力。服装材料创意设计不仅表现在对现有材料的搭配上，还表现在对材料本身的独特处理上，是对现有面料的再塑造、重新设计。本节从材料的增型设计创意与表达、材料的减型设计创意与表达和材料的综合设计创意与表达三个方面展开。

一、材料的增型设计创意与表达

材料的增型创意设计有两种表达形式，一种是改变现有材料本身的视觉或触觉效果；另一种是在现有材料的基础上添加材料所呈现出新的肌理效果。常见的增型设计手法有染色、印花、绗缝、编织、刺绣、抽褶、折叠、填充等，可以在平面的材料上呈现出凹凸、立体的肌理效果（图6-22）。这些在材料上运用物理和化学的方法，改变了材料本身的形态，使本身平淡无奇的材料呈现出多层次的美感。

图6-22 材料的增型设计创意与表达

二、材料的减型设计创意与表达

材料的减型设计创意与表达是指将原有材料经过抽丝、镂空、烧花、撕扯、磨砂、腐蚀、剪切等手法除去或破坏局部，使其达到一种特殊的肌理效果，改变其原有的面貌，形成错落有致、亦虚亦实的效果。如图6-23所示，丝绸面料用火烧制作出的火痕镂空效果，呈现出残缺破败的美感；牛仔、针织等面料抽掉部分纱线呈现出的虚实感，或是皮草面料剪掉部分毛后，呈现出的凹凸肌理效果增加了整体设计的层次感和可欣赏性。

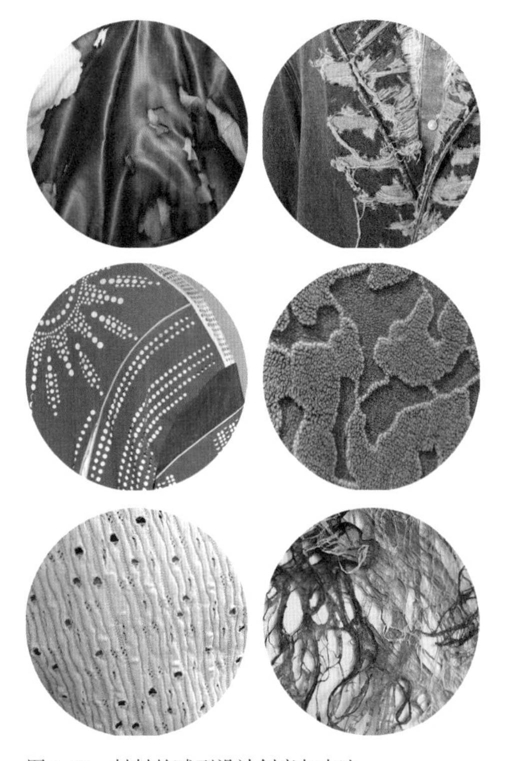

图6-23 材料的减型设计创意与表达

三、材料的综合设计创意与表达

材料的综合设计创意与表达是指对服装材料本身同时使用增型设计和减型设计的手法，如刺绣和镂空、烧花和染色、编织和镂空等同时使用，使不同材料之间可以互相结合，在视觉上呈现出别具一格的肌理效果。材料的综合设计手法多种多样，随着科技的发展，表现手法从平面走向立体，从具象走向抽象，从传统走向现代（图6-24）。除此之外，硅胶、3D打印材料、生物塑料等新型材料的发明和创造也推动着服饰文化的发展，在服装创意设计中起到了至关重要的作用。

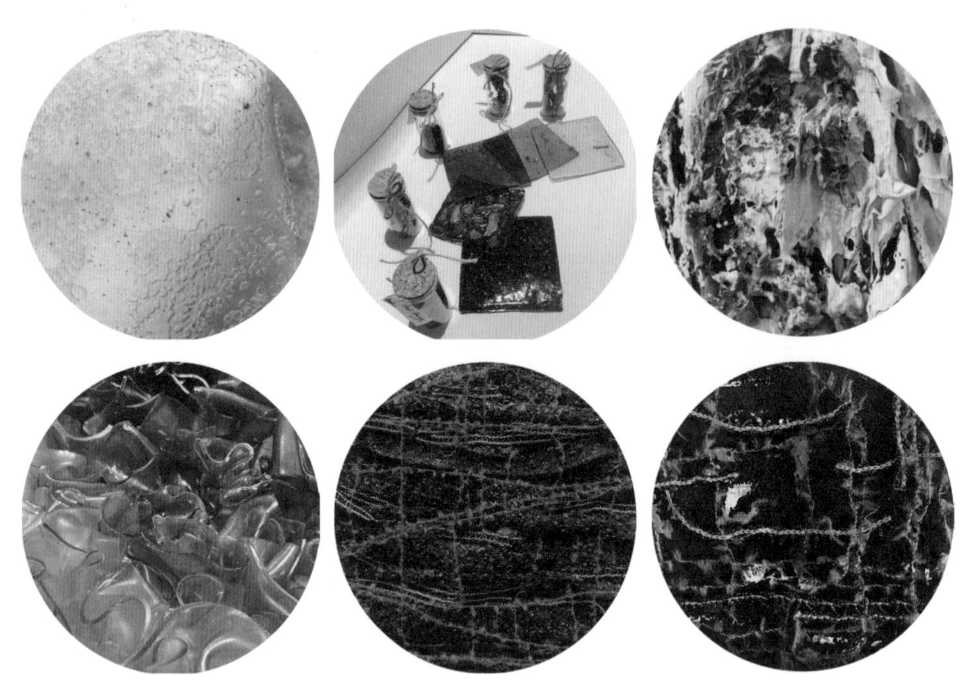

图6-24 材料的综合设计创意与表达（李潇鹏、李丛、胡世杰制作）

第四节 服装局部设计创意与表达

服装局部设计创意与表达是服装设计中的重要步骤，对于服装创意设计来说，细节的设计及表现尤为重要，它是设计师表达设计理念及制作方法的重要手段，也是设计师审美品位的直观表达。服装的局部设计主要集中在衣领、肩袖、门襟、口袋以及腰部等部位，精致的局部设计能起到画龙点睛的作用，成为服装的创意元素及流行要素。

一、衣领设计创意与表达

衣领是服装上至关重要的部件，因为领子与领口靠近人的头部，它在服装中容易起到集中视线的作用。衣领的设计以人体颈部的结构为基准，通常要参照人体的颈部进行设计，领子设计出来的样式要与脸型、脖颈的状态相匹配。

衣领的构成一般包括领线与领型两个部分，其构成因素主要是领线形状、领座高度、翻折线的形态、领的轮廓线形状以及领尖修饰等。衣领的设计极富变化，式样繁多，每种衣领都可以通过这些要素的变化而发生改变，使服装具有全新的设计效果。衣领的设计创意与表达主要可以分为以下三种。

（一）连身领

连身领顾名思义，是衣领部分与衣身连在一起的领型，相对较为简洁，连身领包括连身出领和无领两种类型。无领是连身领中最为简单的一种领型，通常无领根据领口的形状还可以分为圆领、方领、V领、一字领等（图6-25）。

（a）圆领　（b）方领　（c）V领　（d）一字领

图6-25　连身领的不同样式

连身出领是指从衣身上延伸出来的领子，连身出领的变化范围较小，需要一定的工艺手法，如加省道、内衬、褶裥等，使之贴合人体颈部结构。

无领的设计主要通过改变领口的大小、形状、高度以及用丰富的工艺进行变化处理，以产生不同的设计风格符合服装设计需求。一般来说，曲线的领子会使服装整体柔和、优雅、可爱，适合面部线条较为方钝的人群，能有效中和面部的方钝感；直线型的领子则相对严谨、简练，更适合圆形的脸部结构；领口大会使服装更为随意自然，领口小会显得相对拘谨、正规。最简单的东西往往最讲究结构性，无领设计在服装的领口与肩颈部的结合上要求很高。无领领型一般使用在夏装以及休闲服装上，显得更为轻松随意，设计师在进行设计的时候应遵循服装的设计原则以及形式美法则选择合适得体的领型。

（二）装领

装领是指领子与衣身分开而非一体化的领型。有时候还可根据设计需求，将装领不与衣身缝合，而是通过纽扣、拉链等部件装接活领，如秋冬的风衣、羽绒服等都会设计可拆卸的装领。

装领的外观虽然多变，但设计时通常有几种决定性的设计元素：领座的高度、领子的高度、翻折线的特点以及领外边缘线的造型。根据其结构特征装领主要可归纳为立领、翻领、驳领和平贴领四种类型。

1. 立领

立领是一种没有领面，只有领座的领型，其特点是严谨、典雅和含蓄，造型较为简洁，如旗袍的领子、中山装、中式学生装的领子等都属于立领（图6-26）。立领一般可以分为直立领和倾斜立领两种。立领一般为中间开衩，较有正式感和优雅感，一些具有设计感的服装也会从两边开叉来营造不对称感和时尚感。立领虽款式较为简洁，但是根据设计师的创作也会产生丰富的效果，通过运用不同的面料，可以变化多样。

2. 翻领

翻领是服装领面往外翻折的一种领型。可分为有领座和无领座两种。男士衬衣衣领多是加了领座的翻领，女士衬衣较为多变，可根据设计风格设计为有领座和无领座的款式。前领角是翻领设计的重要位置，可以根据其风格设计为尖角、方角、圆角以及不规则形状等，大小及长短都可以变化，并可以在领子上增加印花刺绣、钉珠等工艺，如图6-27所示。翻领还可以与帽子相连，设计为连帽领，兼具两者之功能。

3. 驳领

驳领是将领子与衣身缝合后共同翻折、前中门襟敞开的一种领型。衣身的翻折部分称为“驳头”，驳领的形状由领座、翻折线和驳头三个部分决定。较小的驳领服装风格较为优雅秀气，稍大的驳领较为休闲。驳领多用于西装设计以及大衣设计中，驳领的形状大小较为多变，可根据服装风格进行设计（图6-28）。如女式西装上驳头可以较为圆润、小巧，男式西服上的驳领较为板正、直挺，较为休闲的服装驳领设计可以较为宽大，增加服装的休闲舒适感。驳领制作程序较为复杂，对工艺要求较高。

4．平贴领

平贴领又称“坦领”“趴领”或“摊领”，是指一种平展贴肩仅有领面而没有领座或领座高度不超过1厘米的领型。装领的领片只从后中处连接称“单片平贴领”，如海军水手领，从后中断开往两边连接的称“双片平贴领”。平贴领使服装具有青春、活泼的风格，也为服装设计师提供了广泛的创意空间（图6-29）。平贴领可根据服装风格设计为花边、褶皱的类型，或在平贴领上加装各种装饰品以及设计为多层的效果等。

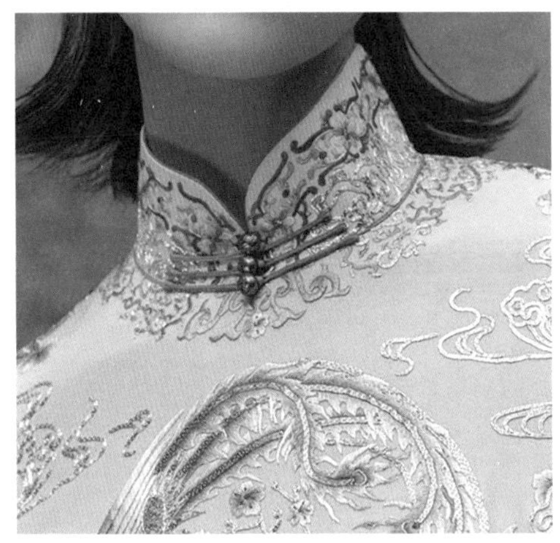

图6-26 立领

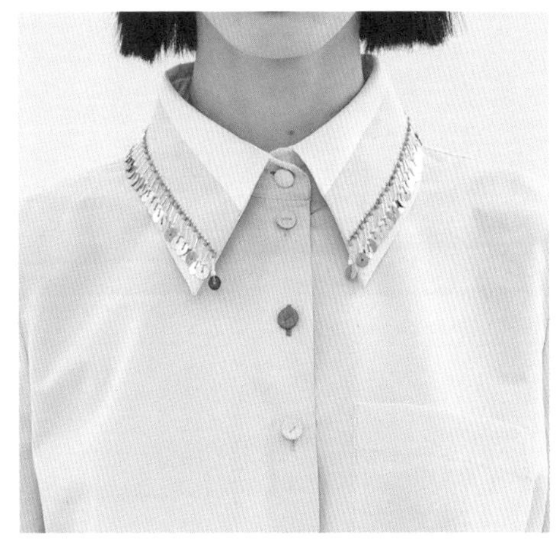

图6-27 翻领

图6-28 驳领

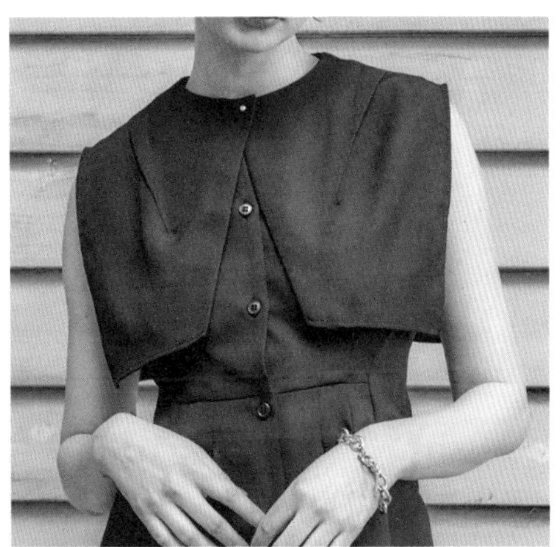

图6-29 平贴领

（三）组合领型

在日常设计中，领型会有多种变化，也可将多种领型混合搭配在一起，使领型变化更为多样、服装更具有创意，如将翻领与立领结合，组合成立翻领、军装领等，在设计中根据设计需要灵活运用。领型的变化多种多样，是服装设计创意表达中重要的环节，好的领型设计能使服装更具有创意和设计感，使简单的服装变得更加生动，具有卖点（图6-30）。

图6-30　组合领型

二、肩袖设计创意与表达

袖子也是服装局部设计中重要的部件之一，其筒状造型与服装整体造型关系很大。袖子的造型会影响服装的整体廓型，如强调肩部设计的袖子，会使服装整体呈现T形的廓型。袖子的造型千变万化、风格各异，在设计时需要遵循人体工学结构与审美需求进行设计。首先袖子的适体性要好，其次袖子的设计要与服装整体风格相一致。根据袖子与衣身的结构关系，可以分为无袖、连袖、装袖、插肩袖四种主要设计形式。

（一）无袖

无袖设计是指衣身上没有袖片，从肩缝露出整个手臂的服饰。无袖设计因为其袖窿位置、形状、大小的不同而呈现出不同的风格，常用于夏季服装的设计中，如夏季连衣裙、T恤、休闲马甲等（图6-31）。无袖服装整体风格随性、休闲，搭配裙装则使人看上去更为修长、苗条。

图6-31　无袖

（二）连袖

连袖，又称“中式袖”“和服袖”，其衣身

图6-32　连袖

图6-33　装袖

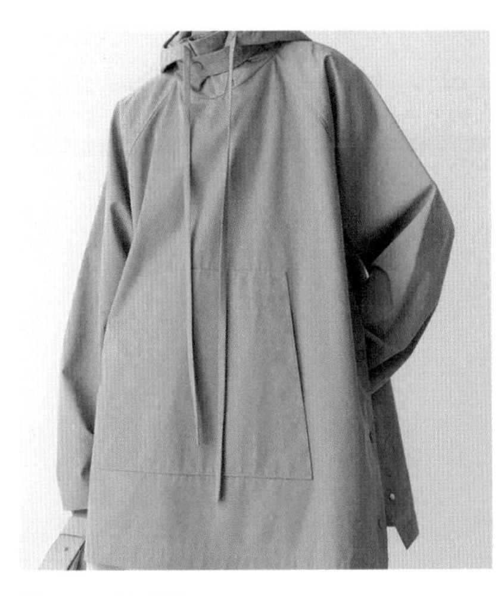
图6-34　插肩袖

和袖片连在一起，肩部的造型平整、圆顺。蝙蝠袖是连袖的变化形式之一，袖子与衣身互借（图6-32）。连袖具有含蓄、高雅、舒适、宽松的风格特点，多用于休闲装、家居服装以及中式风格的服装中。

（三）装袖

装袖也称“圆袖”，指根据人体肩部及手臂的造型，将衣身与袖片分别裁剪之后进行缝合的一种袖型（图6-33）。该袖型最能贴合人体肩部及手臂的结构，合体美观，静态展示效果较好，适用的服装款式多。装袖的袖山与袖肥的关系，一般为袖山高则袖肥窄，袖山低则袖肥宽。根据适体性，装袖分为紧身袖、合体袖和宽松袖三种。合体袖多采用两片袖的结构形式，一般在肘部收省道，使袖子结构更为合体，符合手臂自然下垂的曲度。

（四）插肩袖

插肩袖的肩部与袖子是相连的，袖山由肩部延伸到领窝，整个或部分肩部被袖子覆盖（图6-34）。插肩袖既有连袖的洒脱优雅之感，又有装袖的合体舒适。其造型流畅、简洁、宽松，行动方便自如，适用于大衣、风衣、运动装、连衣裙等服装。通过袖窿线的不同变化还可以产生多种款式。

三、门襟设计创意与表达

门襟是衣服前身的衣领开口，方便服装的穿脱，门襟不仅具有穿着方便的实用功能，同时也是服装的重要装饰元素。门襟的构成形式一般为左右相互重叠，重叠的部分称“搭门”，重叠时露在外面的为门襟，里面看不见的为里襟。在门襟设计过程中，需要在满足功能性的基础上进行创意设计，使服装更加具有设计趣味。

门襟根据服装前片左右两边是否对称可以分为对称式门襟（图6-35）和偏襟。

偏襟也称“侧开门襟”或“非对称式门襟”，偏襟的设计相对较为灵活，多运用在前卫潮流的服装以及民族服装设计中（图6-36）。

图6-35 对称式门襟

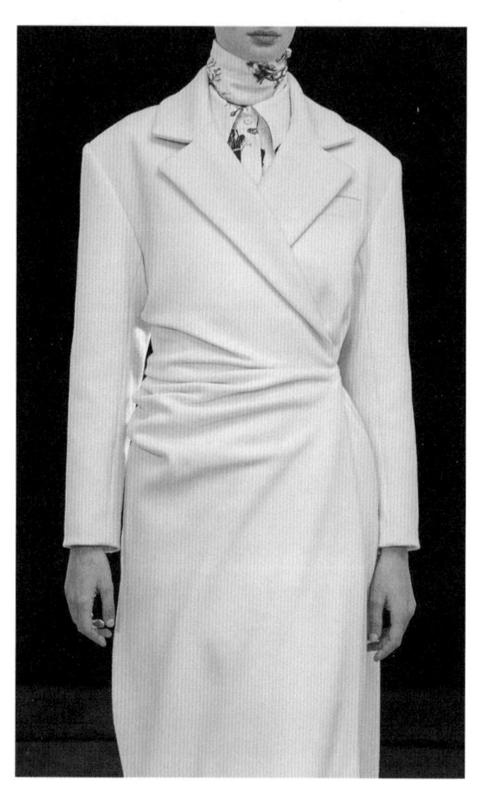

图6-36 偏襟

根据门襟是否闭合还可以分为闭合式门襟和敞开式门襟。闭合式门襟一般通过服装辅料如拉链、纽扣、魔术贴等进行连接，这类门襟比较规整实用。敞开式门襟是不采用任何连接物闭合的门襟，如毛衣开衫、休闲外套等。门襟的设计及装饰应与服装整体以及其他局部的设计相协调、相衬托，可以五花八门充满创意但是要考虑其是否符合工艺制作的要求。

四、口袋设计创意与表达

口袋是服装上的重要功能性部件也是重要的装饰部件，其设计多样、形态丰富。设计合理的服装口袋能够增加服装的实用性，使服装便于日常生活，同时也能增加服装的

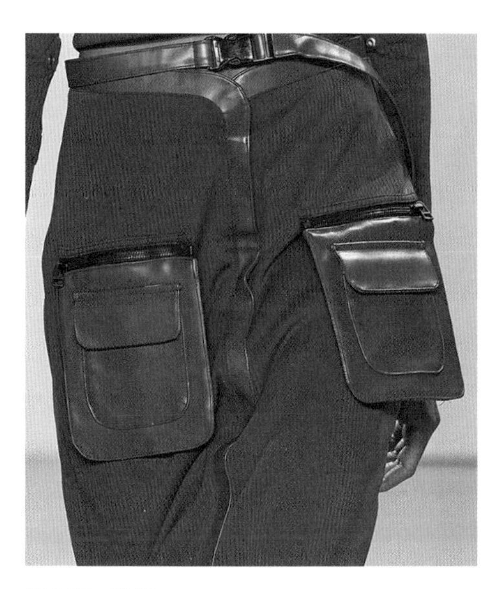

图6-37　贴袋

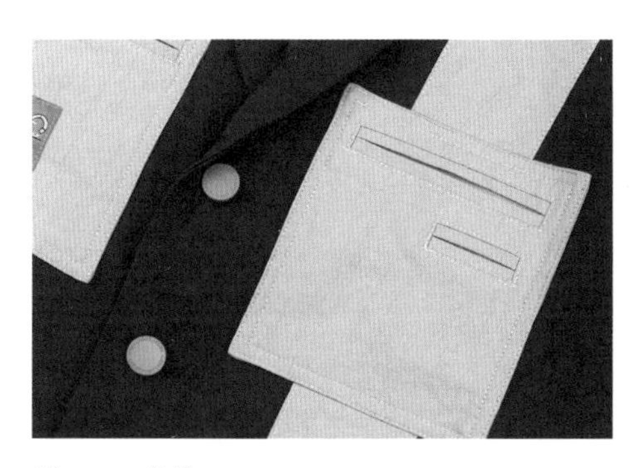

图6-38　挖袋

图6-39　插袋

装饰性，使服装更具有设计美感以及趣味性。口袋大体上可以分为贴袋、挖袋和插袋三种。

（一）贴袋

贴袋顾名思义是指将面料裁剪成相应的平面款式，在服装表面直接用机缝或手缝固定的口袋样式（图6-37），制作便捷，款式多样。贴袋可以根据服装的款式类型设计为各种形状，如方形、圆形、三角形以及不规则形状等。贴袋的设计是服装设计风格的一部分，因此在服装设计的时候应充分考虑服装贴袋的款式，增加服装的实用性和趣味性。

（二）挖袋

所谓挖袋就是在一块完整的衣片中，在袋口部位用挖缝的方法，将衣片剪开，缝成一只衣袋，故又称“开袋”（图6-38）。挖袋可分为一字形挖袋、单嵌线挖袋、双嵌线挖袋、平口挖袋、花色挖袋等种类，也有无袋盖和有袋盖之分，嵌线的宽度也各有不同。由于挖袋需要在衣片上剪开袋口，因此工艺要求较高。特别是袋口两端开袋时要剪成三角，其深浅要恰到好处，这是需要经过多次实践才能达到的。

（三）插袋

插袋是指在服装的拼接缝中留出的口袋。由于口袋附着于服装部件，袋口与服装接口看起来浑然一体，具有较好的隐蔽性，实用性较强。插袋使服装显得较为整体、美观和精致。插袋上也可以加入各种袋口、袋盖来丰富口袋造型（图6-39）。

五、腰部设计创意与表达

腰部作为人体重要的分界线，往往成为设计师加入精致设计细节的部位，使服装整体更加具有视觉冲击力。合适的细节处理方法不仅可以使服装看起来精致，在一定程度上还可以加强服装的机能性。服装的腰部造型影响服装的整体廓型，通过合理设计腰部造型可以使服装整体廓型呈现H形、O形和X形等。

腰带的宽度可以根据穿着者的身材具体设计，腰部较粗的应该设计窄而细的腰带；腰部较细的应该设计粗而宽的腰带；腰节线较低的应以宽切高的腰带为主（图6-40）；而直腰身的人最好不要束腰。腰部的造型设计可以分为以下四种。

（a）高腰线服装

（b）低腰线服装

图6-40 服装腰线对视觉的影响

（一）绑带系扎

用不同的系扎方式，可以创作出迥异的腰部造型，赋予服装不同的风格与个性。比如，通过调整系扎绑带的上下位置，可在视觉上改变穿着者的人体比例；还可以通过系扎自由度改变服装的宽松状态，满足穿着者的不同功能需求（图6-41）。

（二）适当镂空

近年来的流行趋势中，不乏一种略带神秘气质的服装，而这种服装中不可或缺的设计元素当属镂空设计。镂空设计不仅可以使服装更加有立体感，还可以使穿着者的肌肤若隐若现，更加柔美性感（图6-42）。

（三）不对称设计

作为常用的设计手法，不对称设计经常被应用于服装的腰部细节中。这种设计手法可以非常直接地打破传统的造型结构，给人耳目一新的视觉感受（图6-43）。

图6-41　腰部绑带的服装

图6-42　腰部镂空的服装

图6-43　腰部不对称设计的服装

（四）腰带装饰

腰部设计中一个重要的细节便是腰带的选择，腰带既能起到装饰作用，又能起到修身的实用效果。根据腰带制作材料的不同，可以将其简略分为绳线编结腰带、皮革腰带、金属制品腰带等；造型上则又可分为宽腰带、窄腰带、流苏花边腰带等不同风格的腰带（图6-44）。通过不同系扎部位、系扎方式以及腰带的材质和色彩的转变，每一个具有设计感的微妙改动皆能带来意想不到的惊喜。

图6-44 不同材质的腰带

第五节 服装整体设计创意与表达

服装整体设计即服装的整体造型，如果设计任务是单件服装的设计，那么服装整体设计就是围绕这一件单一的服装款式而展开的设计；如果设计任务是一个系列的服装设计，那么这个整体就是指围绕着这一个系列的服装款式而展开的设计工作。也就是说，无论设计什么，作为设计者都要把自己的设计对象看作一个整体，并运用自己掌握的设计知识来完成设计工作。本节内容将以女装、男装以及童装三个类型为例来阐述服装的整体设计创意与表达。

一、女装整体设计创意与表达

女装整体设计创意与表达是一个将设计灵感创意以形而上的意识形态、通过一定的物质载体将其变为形而下的物质形态的一种方式。主要可以分为两种表达形式，分别是女装单体设计创意与表达和女装系列创意设计与表达。

（一）女装单体设计创意与表达

女装单体设计就是指单件的服装设计。包括上衣、下装、帽子、配饰等完整的一套服装。女装在设计时可以适当地做一些收腰处理，采用有变化的曲线造型，能充分体现女性的气质特点。女装单体的设计创意与表达可以按步骤进行。

（1）根据灵感来源或客户的设计要求确定设计的风格，如复古风、新中式风、极简风等。确定风格后进行设计，才能使服装整体风格不跑偏，从而根据服装的灵感及要求进行廓型的设计。如本案例的设计风格是运动风，设计的灵感来源是日常生活中常见的尺子（图6-45），则可以把这两项汇总整理，进行下一步设计。

图6-45　女装单体设计灵感来源（孙路苹设计）

（2）根据设计的灵感和风格，确定服装的外形特点、色彩搭配等。如设计连衣裙、上衣下装或上衣下裙等。在服装的廓型上考虑是否能够将服装的灵感元素进行融合。如本次设计风格确定为运动风，则把服装廓型确定为较为宽松的上衣下裤，便于运动。色彩方面为了体现运动的活力，运用了饱和度较高的黄色，搭配经典的灰色，使服装整体亮眼且不失沉稳（图6-46）。

（3）根据服装廓型进行内部分割，设计安排比例的大小、色彩面积等。如本次设计在服装的前中进行分割，使用不同的面料和色彩。

（4）对局部进行设计。局部的领子、肩袖、门襟、口袋、腰部设计等，都能使服装具有更高的实穿性及设计亮点。需要注意在设计的时候，服装的局部需要与整体相适应，也可以将灵感元素运用在服装局部上。如此次设计领子采用的是不规则的拼贴领设计；口袋根据灵感来源采用的是半圆形设计来模拟尺子中的量角器造型。

图6-46 女装单体设计创意与表达（孙路苹设计）

（5）根据服装整体造型给服装加入装饰元素，如搭配同款色彩的包袋、帽子等，使服装整体更为完善。本次设计加入的黄色手提包，使设计色彩更为丰富、搭配更加协调。

（6）检查设计是否完善、是否符合客户需求，整体外观是否统一协调。

（二）女装系列创意设计与表达

如有需要，可以根据单体的女装设计衍生出系列女装设计，其设计程序与单体设计程序相同。在系列服装设计中需要注意两点。

（1）在系列搭配中需要注意服装的多变性。如已经有裤装，可以安排几套裙装，裙装的长度及款式可以多变些，避免系列服装设计出现千篇一律、毫无新意的现象（图6-47）。

（2）服装设计需要有系列感。如尽量使用相同系列的灵感元素及相同的配色套系，系列间的搭配不可跳跃过大，避免造成服装缺少系列感，如图6-48所示。在服装系列设计的过程中，不仅需要考虑形式的统一，还要考虑每一件作品的独立性，需要把握好整体与个体的关系。

图6-47　女装系列创意设计效果图（孙路苹设计）

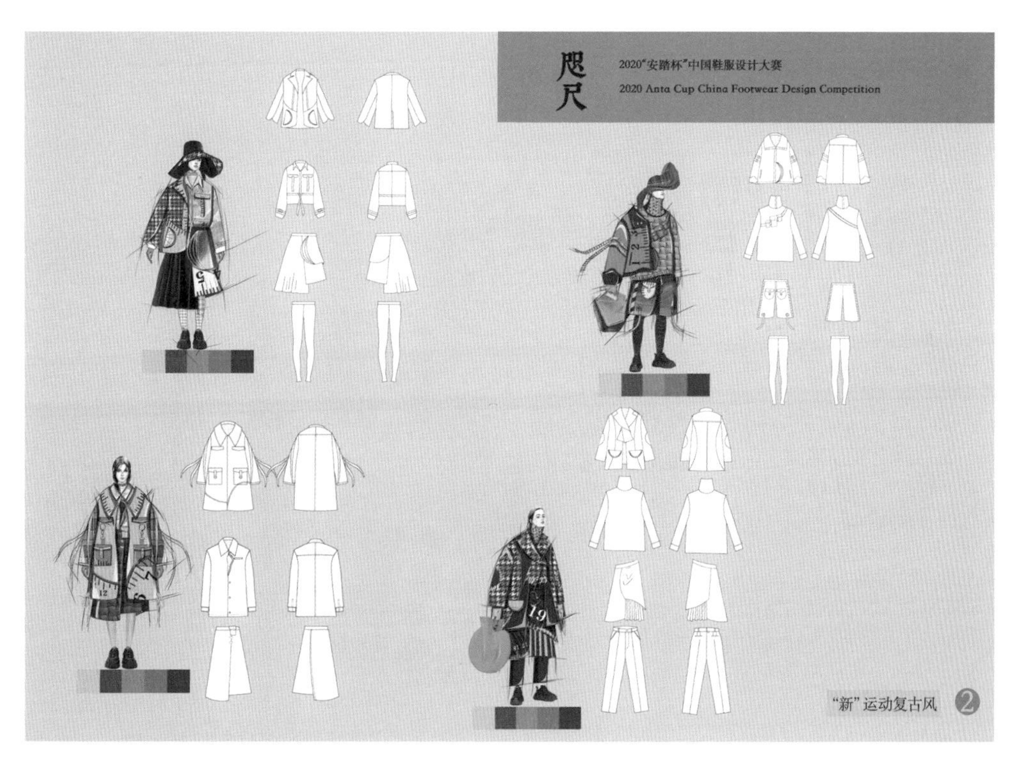

图6-48　女装系列创意设计款式图（孙路苹设计）

二、男装整体设计创意与表达

男装整体创意设计与表达同女装一样，都是一个有序但充满着各种主观能动性的设计过程。设计师需要将在生活各处搜集来的诸多元素作为灵感源，围绕着一定的创意主题去进行设计，男装的整体设计创意与表达主要可以按以下步骤去进行。

（一）男装单体创意设计与表达

男装单体的创意设计与表达主要包括男装的上衣、下装以及帽子、围巾、包等配饰设计。男装单体设计需要考虑设计的合理性和整体性，男性的服装廓型较女性应更为粗犷和宽松，在制板中也讲究轮廓线条的刚直硬朗，体现出男装的大气之风。男装单体的创意设计与表达可以按步骤进行。

（1）确定设计元素。通过日常的观察或偶尔的灵光乍现，设计师总会积累下一些灵感，可以通过一些创作手法将设计灵感实体化，成为自己服装设计中的设计元素。如图6-49所示，通过观察日常生活中的视觉受损人群，联想到视力表，可以将视力表作为此次设计的灵感元素。

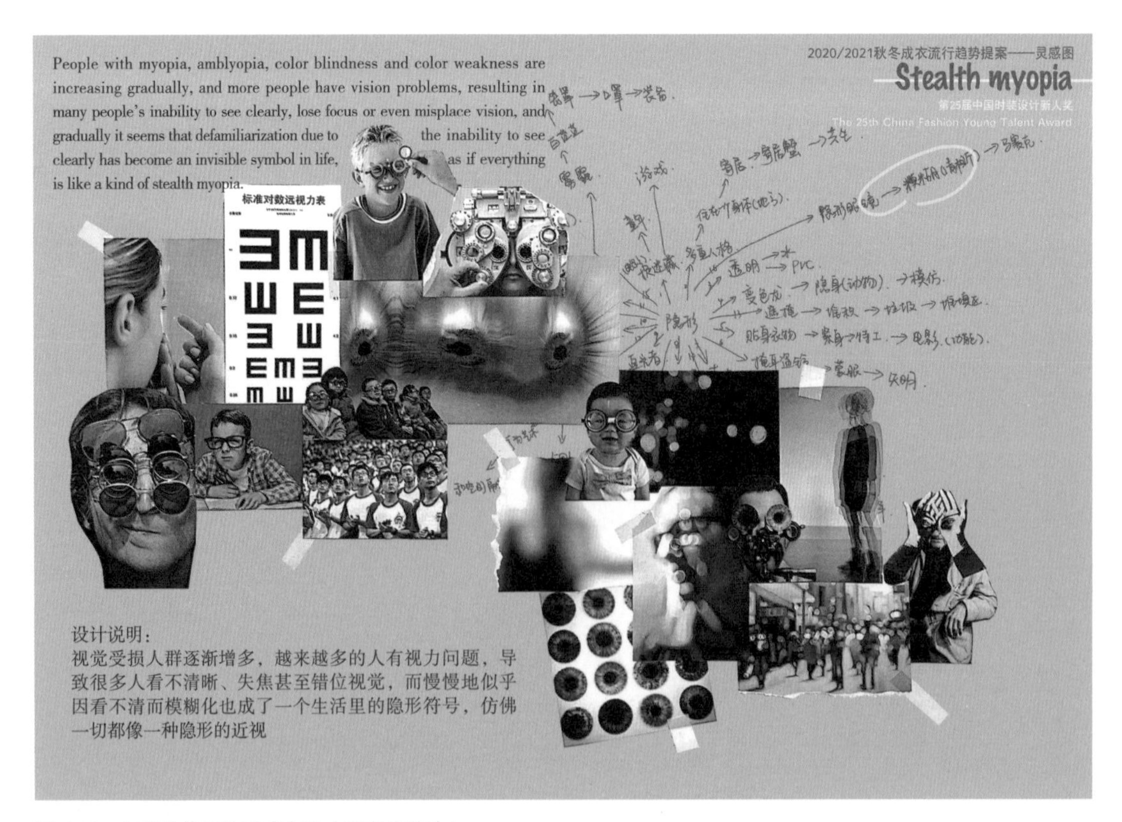

图6-49 男装单体设计灵感来源（翟嘉艺设计）

（2）确定服装廓型的特点。根据设计的风格确定色彩的选配、面料的选用等。如此案例男装设计的服装廓型较为宽松，采用了解构的造型方法；色彩方面采用的是经典的黑白灰配色。

（3）根据服装廓型进行内部分割。如此案例设计在服装内部加入了较多的分割，分割处运用不同的色彩和面料。外套整体是灰色，使用厚实的机织面料；而内部采用深灰色的针织面料，服装色彩和材质都更具有节奏感。

（4）进行服装的局部设计。服装的领子、肩袖、门襟、口袋、腰部等每个局部的细节，以及图案的位置都应与服装整体廓型相协调。如本案例男装设计，领子采用的是驳领设计，袖子采用了装袖设计并加入了一些分割线，服装的内部设计了许多的双嵌线口袋，袖口做了松紧收口设计，使服装造型在实用的前提下又具有了艺术美感。前胸及内搭加入了部分图案，使服装整体更具有节奏感和丰富性。

（5）根据服装整体造型给服装加入装饰元素，如搭配同款色彩的包袋、帽子等，使服装整体更为完善，这一步可以根据服装整体考虑搭配，如果服装设计已经较为复杂，则不需要再进行配饰的设计，以免服装整体显得杂乱无章没有重点。

（6）检查设计是否完善、是否符合客户需求，整体外观是否统一协调。

（二）男装系列创意设计与表达

可以根据单体的男装设计衍生出系列男装设计（图6-50、图6-51）。男装的系列设计较之单体设计更为复杂，需要考虑的设计内容也更多。一般的系列设计是两件以上，三四件套称为“小系列设计”，五六件套称为“中系列设计”，七八件套称为“大系列设计”，九件以上的称为“特大系列设计”。在日常中较为常见的系列设计多为四五件的系列设计。设计程序与单体设计程序相同，但在系列男装设计中需要注意两点。

（1）在系列搭配中需要注意服装的多变性。系列服装中的相同元素在运用时需要注意改变其大小、长短、疏密等，使同一元素在服装上呈现不同的变化，每件服装都不相同。

（2）服装设计需要有系列感。在一个系列服装设计中，采用同样风格的装饰元素、色彩、廓型等，会使服装整体呈现统一的形式感，这些相同的元素出现得越多，服装的系列感就越强。要注意在设计中避免雷同也要避免没有系列感，需要把握好设计中的整体与部分的关系，元素的运用和改变都要适度，不要过度而破坏服装的系列感。

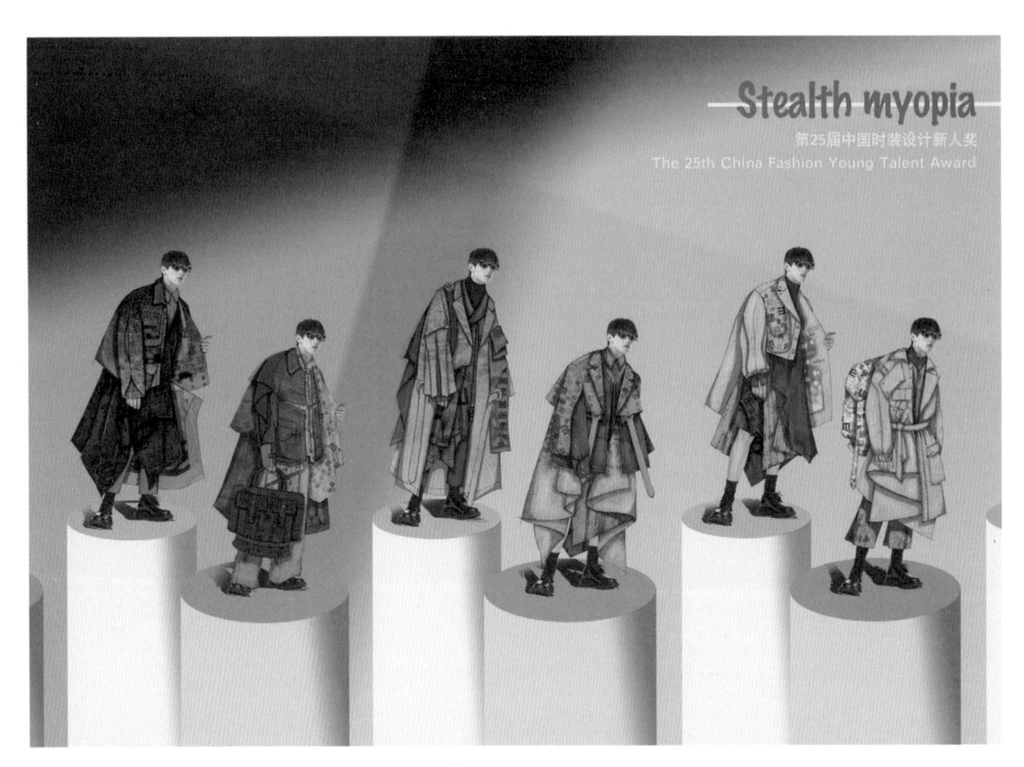

图6-50 男装系列创意设计效果图（翟嘉艺设计）

图6-51 男装系列创意设计款式图（翟嘉艺设计）

三、童装整体设计创意与表达

随着社会经济的发展，童装市场迅速扩大，童装品牌竞争愈演愈烈。如何使产品脱颖而出、获得消费者的青睐是童装品牌设计需要探索的重要问题。童装整体设计主要可以分为两种表达形式，即童装单体设计创意与表达和童装系列创意设计与表达。

（一）童装单体创意设计与表达

童装单体的设计与表达主要包括童装的上衣、下装以及帽子、围巾、包等配饰设计。童装与男女装设计最大的不同就是需要强调设计的趣味性和面料的舒适性。作为童装消费主体的儿童家长，不仅要求童装安全、舒适和实用，还越来越注重童装的美观性。生动有趣的趣味性设计具有鲜明的视觉美感，能给人新奇、愉悦的情感体验。

（1）确定设计风格和元素。从创新设计的角度来看，趣味性设计元素的运用使童装设计更多元化，在设计时应多选用一些趣味性较高的设计元素，如图6-52所示。此次设计采用的灵感素材源于街头青少年滑手刷街竞速的过程，他们如同闪电一般在滑板的过程中迸发出纯粹且强大的力量，传递青少年们自由洒脱的街头态度和冒险精神。

INSPIRATION
RACING GIRL
本系列名为“racing kids”，
即“竞速儿童”
灵感来源于街头青少年滑手刷街竞速的过程
他们如同闪电一般在滑板过程中迸发出纯粹且强大的力量，传递着属于青少年自由洒脱的街头态度和冒险精神——
个性　独立
挑战　冒险
POWER　SPEED

图6-52　童装单体设计灵感来源（林艺涵设计）

（2）确定服装廓型的特点。根据设计的风格确定色彩的选配、面料的选用等。童装的设计根据运动风的需求，采用的是宽松廓型；采用白色为主的服装底色，有污渍和灰尘便于家长发现并及时清洗，又根据儿童的心理特性加入橙色和蓝绿色等亮色点缀。

（3）根据服装廓型进行内部分割。如本案例设计中加入了较多的功能性分割，使服装更加具有运动风，配色上采用撞色。

（4）进行服装的局部设计。如本案例设计中加入了大口袋的设计，增加服装的实用性；内搭背带裤并做撞色的刺绣设计；外套底摆增加罗纹收口，以增加服装的保暖性。

（5）根据服装整体造型给服装加入装饰元素，如搭配同色系的墨镜、同色系的服装抽绳、背带等使服装整体更为丰富。

（6）检查设计是否完善，是否符合客户需求，整体外观是否统一协调。

（二）童装系列创意设计与表达

将同样的设计元素设计多个单体即构成了系列创意设计。童装系列设计应注重在童装款式、色彩、图案、面料、装饰等方面采用生动有趣的设计元素，拓展儿童认知、激发儿童的创造性思维，实现童装趣味性与艺术美感的统一。

未来，童装也会随着现代科技的进步拓宽功能领域，不仅限于视觉的观赏性，更加注重衣服与儿童的互动性。同时，童装的趣味性设计还体现了一个时代对儿童成长与发展的关注，在给儿童生活带来幸福和欢乐的同时，也丰富了趣味设计的内涵。趣味性设计将会在未来对儿童服饰产生更深远的影响和更积极的意义。其设计应与男装、女装创意设计和表达一样，注意服装的多变性和系列感（图6-53、图6-54）。男装、女装和童装虽是面向不同的穿着人群，但总体来说设计程序是一致的。无论是男装、女装还是童装都属于服装设计，也都依据相同的设计程序，而具体细节的不同需要根据具体的客户需求来定。

图6-53 童装系列创意设计效果图（林艺涵设计）

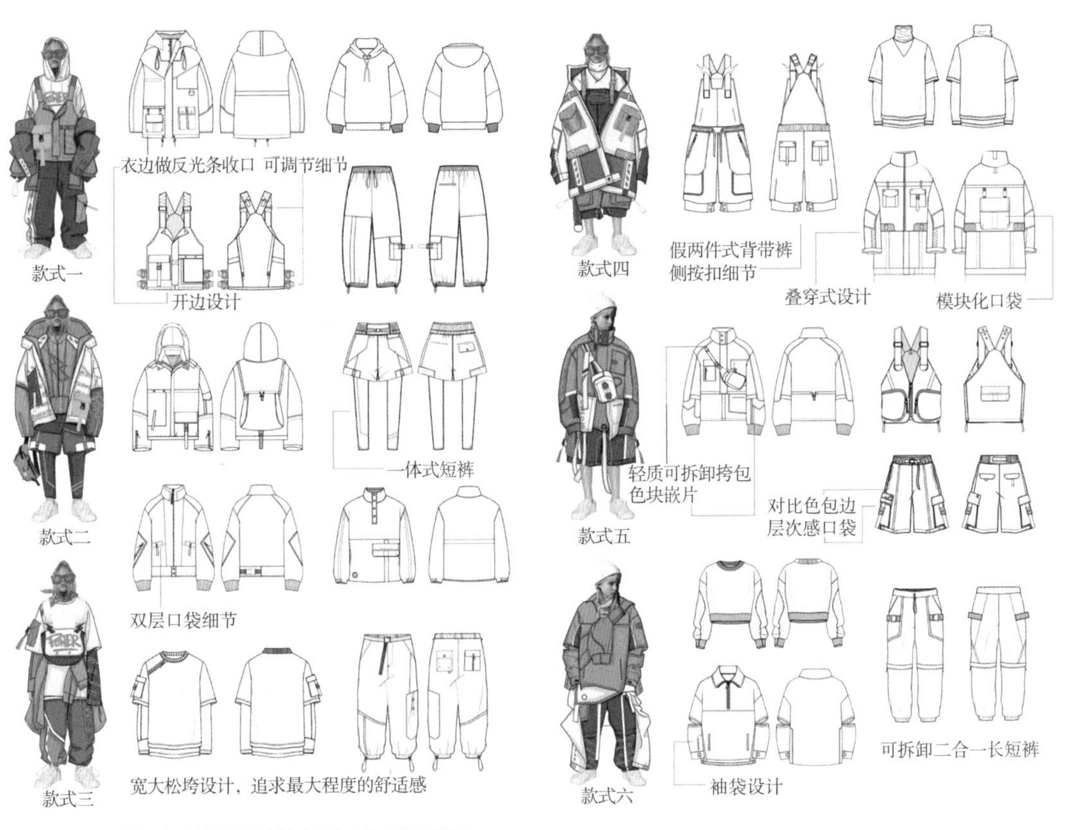

图6-54　童装系列创意设计款式图（林艺涵设计）

在女装设计发展的过程中，服装风格越发多种多样，女装也较多地吸收了男装的设计风格，部分女装也变得廓型硬朗、宽松。部分男装也加入了各种女性元素，男女服装在长期的发展中相互融合、相互借鉴、互相促进。各类服装的变化及包容性越来越强，设计师仍需根据设计群体的需求以及穿着人群的特点进行设计创意与表达。

第六节　服装配饰设计创意与表达

服装配饰主要包括帽饰、鞋履、首饰、箱包等装饰品及附属品。在服装设计创意与表达的过程中，配饰的创意对服装整体风格和形象起着重要的强化作用。

在服装设计中，服饰配件的设计占有重要的地位。它不但具有较强的实用性，能增强整套服装的艺术表现力，而且在整体设计中能起到营造气氛、陪衬和画龙点睛等作用，烘托出着装者的容貌和形体，使着装效果更加完美。

一、帽饰设计创意与表达

创意帽饰设计是一门视觉艺术，在设计过程中要博取众家之长，多吸收其他艺术门类如工业设计、建筑与环艺设计、视觉设计的设计特点和方法。各类学科为创意帽饰的设计提供了无尽灵感，不仅拓展了设计思维，也丰富了创意表达的多样性（图6-55、图6-56）。

图6-55 帽饰创意设计案例一

图6-56 帽饰创意设计案例二

创意帽饰设计常常体现了设计师广博的知识和丰富的视角，富有创意的好作品都是设计师厚积薄发的结果。因此，在设计创意帽饰的过程中，设计者在掌握专业知识和技能的基础上，还需要拓宽视野，提高艺术修养，同时要注意观察生活，积累实践经验，使设计构思日趋丰富、成熟和完美。

二、鞋履设计创意与表达

鞋履的设计分为两种类别：一种是实用类鞋履，也就是生活多穿用的鞋履；另一种是创意类鞋履，也叫“艺术类鞋履”（图6-57）。这类鞋履在设计时往往不受款式、材

图6-57 创意类鞋履设计

料、工艺、色彩、穿着实用性等方面的限制，弱化了实用的功能，强调了审美创意性，加强了个性化和情感化的艺术效果。这类鞋履虽然很少在日常生活中穿着，但其充分展示了设计师的情感表达和审美追求，发挥了设计师的想象力和创作灵感，对于推动行业发展有重要意义。

三、首饰设计创意与表达

在首饰设计创意与表达的过程中，需要对设计中的各种要素统筹兼顾，树立一个整体观念。尽量考虑得周到细致，使首饰的造型、线条、纹饰、材质等因素各尽其美，相映成趣，共同体现出设计者的初衷与构思。不同形状的点、线、面进行排列、组合、弯曲、切割、编结等，可以产生大小、曲直、疏密、渐变、跳跃等变化，达到造型上的整体性、和谐性、趣味性。同时，运用不同材料的软硬、粗细、刚柔等对比因素，造成视觉上相应的节律变化与层次美感，从而设计出富有情感与创意的首饰（图6-58）。

图6-58 首饰创意设计

四、箱包设计创意与表达

一般来说，服装配饰涵盖了帽饰、鞋履、首饰、箱包等饰品。其中的箱包设计，又是服装设计中整体搭配不可缺少的重要饰品。设计者依然不能忽略作为“绿叶”的箱包配饰的作用。

根据流行趋势和不同使用者的需要而设计的箱包，既有实用功能，又具有装饰美化功能。不同的造型、色彩、材料、装饰形成了特有的服饰语言，与服装搭配融为一个整体，直接塑造了人的整体形象。箱包的设计也越来越丰富多彩。

随着社会的发展，箱包被赋予了审美功能。形形色色的箱包配饰已被使用得相当普遍，但总是女性最迷恋的装饰品之一（图6-59）。

图6-59 箱包创意设计

本章小结

■ 色彩是服装创意设计中不可或缺的要素之一。服装色彩在一定程度上影响着服装设计的创意与表达。

■ 服装造型设计创意，重点强调服装设计中的造型因素，是突出款式设计的方法。

■ 服装的廓型即服装的外轮廓、外形线，是服装被抽象化了的整体外形。

■ 服装的内部结构设计，是指服装内轮廓线型的设计，是服装外轮廓线以内的零部件的边缘形状及内部造型的线型设计。

■ 服装款式细节设计主要是指服装的局部造型设计，是对服装廓型以内的各零部件的边缘形状及内部结构的设计。

■ 服装局部设计创意与表达是服装设计中的重要步骤，对于服装创意设计来说，细节的设计及表现尤为重要，它是设计师表达设计理念及制作方法的重要手段，也是设计师审美情趣的表达媒介。

■ 服装整体设计即服装的整体造型，如果设计任务是单件服装的设计，那么整体就是围绕这一件单一的服装款式而展开的设计。

■ 服装配饰主要包括帽饰、鞋履、首饰、箱包等装饰品及附属品。

思考题

1. 服装色彩的三大属性是什么?
2. 服装外轮廓设计创意与表达的分类。
3. 简述服装局部细节设计创意与表达的方法有哪些?
4. 材料的设计创意与表达有哪几种形式?
5. 简述鞋履设计创意与表达有哪两种形式?

第七章

服装设计大师及创意设计作品赏析

课题名称：服装设计大师及创意设计作品赏析

课题内容：1. 国内服装设计大师作品案例赏析

2. 国外服装设计大师作品案例赏析

课题时间：8课时

教学目的：要求学生了解国内外优秀服装设计大师的作品，并学习创意思维、方法及技巧，运用于今后的创意拓展训练。

教学方式：教师通过PPT讲解基础理论知识，学生在阅读、理解的基础上进行实践模仿、操作练习，教师再根据每位同学的独立练习作业进行指导。

教学要求：1. 要求学生了解国内外优秀的服装设计大师的作品。

2. 学习创意思维、方法及技巧，运用于今后的创意拓展训练。

课前（后）准备：课前提倡学生多阅读关于服装设计创意与表达的基础理论书籍，课后要求学生通过反复的操作实践对所学的理论进行消化。

在世界服装发展演变的历史长河中，有众多知名的服装设计大师，他们经典的服装设计作品给世人留下了极为深刻的印象，同时也引领着时尚潮流发展趋势。纵观那些能给观众留下深刻印象的服装设计佳作，人们不难发现，他们都有一个共同点，即拥有自己与众不同的鲜明特点。只有站在巨人的肩上，才能站得更高、看得够远。因此，本章选取了国内外多位具有代表性与时尚艺术影响力的服装设计大师，通过对他们的经典风格与代表作品的赏析，学习服装设计大师极具个人魅力的设计理念。

第一节　国内服装设计大师作品案例赏析

相对于国外服装设计发展进程而言，我国服装设计发展虽起步较晚，但极具东方韵味与魅力的设计特征为其在世界时尚舞台中获得广泛认可奠定了稳固、扎实的基础。本节选取了多位在国内外极具代表性与影响力的我国服装设计大师，如马可、郭培、殷亦晴、夏姿·陈和盖娅传说熊英等。

一、马可（Ma Ke）

马可，中国著名服装设计师，无用品牌的创始人（图7-1）。马可1971年出生于吉林长春，1992年毕业于苏州丝绸工学院（后并入苏州大学）工艺美术系，毕业后去广州开始了自己的寻梦之旅。1994年以作品《秦俑》获得第二届中国国际青年兄弟杯（后更名为“汉帛奖”）服装设计大赛的金奖，如图7-2所示，彼时的马可只有23岁。1995年，24岁的她获得“中国十佳时装设计师”称号。1996年，马可在广州创立了自己的设计师品牌“例外”并担任艺术总监，奋斗了十年之后离开。2006年，马可在珠海创建无用设计工作室。2007年2月，35岁的马可作为中国第一位在巴黎高级定制时装周（Paris Haute Couture Week）上开发布会的设计师，发布个人品牌“无用”，同年底，导演贾樟柯以“无用”为主题的纪录片《无用》，以马可参加2007年巴黎秋冬时装周为中心事件，讲述了分别发生在广州、巴黎、汾阳的三段故事，获得当届威尼斯电影节地平线单元最佳纪录片。

2013年，马可的服装设计作品成功打造了成熟睿智的中国现代女性形象，吸引了全世界的目光，也将中国品牌的设计理念带向国际。人们知道了这个中国品牌的年轻设计师，马可也逐渐走进大众视野。

2014年，马可创办无用生活空间，现如今无用已经发展成为一个具有公益性质的社会企业，其目标在于通过手工精心制作的作品向世人倡导：过自由简朴的生活，追求心灵的成长与自由（图7-3）。马可的品牌“无用”的设计灵感，并不是源自经典典籍，而是源自调研手工艺人过程中的经历。那些手工艺人在与她告别的时候几乎都会问她：“这些东西都没用了，连我们的子女都不学了，你做这些记录有什么意义呢？”马可说：“这些才是我们生命里最宝贵的东西。”马可放弃了许多出国深造、留学的机会，坚持在国内做中国原创。她认为，作为中国设计师，最宝贵的就是本民族的文化。在马可的作品中，随处可见的是中国传统的文化元素（图7-4）。

图7-1　马可

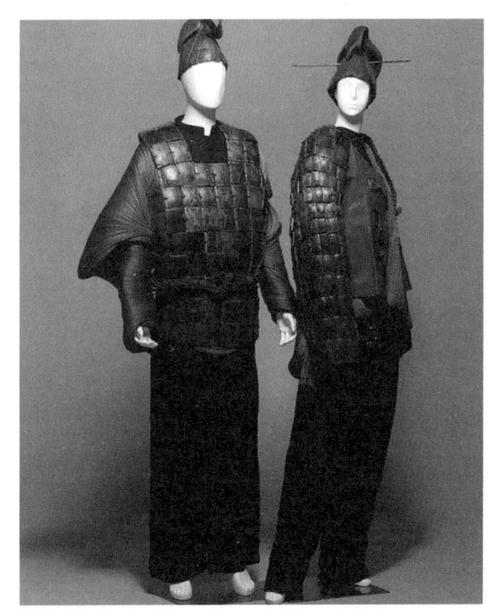

图7-2　马可作品《秦俑》

图7-3　无用空间的展览

图7-4 《无用之土地》展览

立志于复兴传统手工艺的马可，定期去偏远乡村寻访手工艺人。无用空间成立十多年来，马可大部分时间在贵州、云南等地区进行民间手工艺调研。其余时间在珠海的工作室里和来自山区的50多位手工艺人一起，把想法构思变成一件件服装。

马可的无用生活空间自2014年开放以来，已经连续举办十一期公益民艺展览，有土陶展览、篮篓展览、扫具展览等，再到如今的无用手工纺织传习馆等。虽然展览具有不同的主题，但始终都有一个关联——无用对于自然环境的保护和对手工艺的敬重。每一次的展览，无用力图唤醒的不仅仅是民艺，还有民艺背后所蕴含的不断被破坏的传统文明和逐渐消逝的人类精神财富，更是呼唤世人共同探索人类应当如何与自然和谐共生、可持续发展。

二、郭培（Guo Pei）

郭培，中国服装设计师，1967年出生于北京，被称为“中国高级时装定制第一人”。她所设计的服装多次登上央视春晚的舞台，2008年的北京奥运会颁奖礼服也由她设计。郭培连续三年荣获“中国国际服装服饰博览会”服装金奖，1997年荣获“中国十佳设计师”称号，以她独特的设计审美在各大重要庆典和仪式上诠释中国之美。

郭培从小受到母亲的启蒙教育，对中国的传统文化颇感兴趣，这对郭培之后的服装设计产生了很大的影响。1982年，郭培进入北京二轻工业学校就读服装设计专业，毕业以后，郭培凭借自己出色的能力担任公司的首席设计师，成为中国第一代服装设计师。几十年来，郭培见证了中国时尚产业从无到有、从东方走向世界的历程。

“高级定制”在今天的服装界仍然象征着身份与地位，它是为客人的特殊需求单独设计、裁剪、纯手工定制的时装精品，体现了专业设计师非凡的能力与创造力。20世纪90年代中期，中国的时装行业还在起步阶段，“高级定制”的概念在中国刚刚萌芽，人们甚至不知道何为“高级定制”，但是郭培却义无反顾地投入了这块无人开垦的领域。

郭培于1997年创办了自己的服装工作室，并为工作室取名为“玫瑰坊”，寓意是希望这个工作室能够盛开在艺术殿堂的最前沿。在工作室成立以后，其规模不断扩大，郭培的国风设计和精湛的创作技艺让许多人爱上了“中国式高定”。郭培的作品也逐渐走出国门，让世界看到了中国美。现如今，提到国风或高定设计师，必然会想到郭培，想到“玫瑰坊”。

郭培曾经连续十多年为中央广播电视总台春节联欢晚会主持人、主要演员设计制作礼服。在2013年，郭培受邀参加巴黎高级时装周展览会，她在巴黎高级定制时装周上发布自己的时装设计作品，表达自己的设计理念。郭培是中国第一位、也是目前唯一一位被法国巴黎高级时装公会正式邀请的服装设计师。

“玫瑰坊”的每一件服装都是量体裁衣、度身定做，高级定制的精益求精体现在每一个细节设计中。鞋子是服饰中的重要配件，“玫瑰坊”的鞋子是通过90%的手工装饰，达到与礼服融为一体的效果。

郭培专注于设计中式服装，刺绣是郭培最醒目的标识，她认为好的设计师首先是一个会拿针的人。郭培的很多作品都运用了中国的传统图案，如龙，龙的图像是中国人文化精神的一种表达，通常给人以力量感，经过郭培的设计改造，龙的图案更加立体化、女性化，更接近如今中国多元、包容、开放的民族性格。

“大金”是郭培最具标志性的作品之一，这件花了两年时间完成、耗费5万多小时制作的华服，在她的首场高定秀——2006“轮回”高定秀上压轴亮相。这件作品帮助郭培开启了设计师职业生涯，还被媒体评价为“中国高级定制诞生的标志”，礼服表面绣以金线，金灿灿的外观象征着太阳（图7-5）。

大胆采用研发新面料也是郭培的一大创新之处。她在韩国的科技公司定制运用纳米技术把24K黄金附着在物体表层的特殊面料；在意大利与70岁的面料设计师一起研发如何在羊毛上镶嵌金属马赛克，能够让传统的红与蓝呈现出更加当代的艺术效果；在菠萝麻面料上延伸出无限的创意；以折叠的方式塑造出建筑的空间感，用手工掐褶呈现自然丰富的纹理，用火烫收边的古老方式“还原”古希腊残留的古卷（图7-6、图7-7）。

图7-5 郭培作品“大金”

图7-6 郭培对于面料的创新运用案例一

图7-7 郭培对于面料的创新运用案例二

2019春夏巴黎高级定制舞台上，郭培将目光聚焦在“东·宫”的设计主题上，用她特有的“中学为体，西学为用”的表达方式，讲述了一段东方的传奇故事，如图7-8、图7-9所示。郭培在世界各地的博物馆中获得灵感，从不同的文化中汲取设计养分，让作品出现在各大国际时装周上，让更多的人看到中国设计之美，见证了中国时装设计的发展进步。

图7-8　郭培的“东·宫”系列高级定制案例一

图7-9　郭培的“东·宫”系列高级定制案例二

三、殷亦晴（Yiqing Yin）

殷亦晴，华裔设计师，出生于北京，在法国巴黎成长，于澳大利亚留学、英国伦敦游学，毕业于法国国立高等装饰艺术学院服装设计专业，丰富的经历对她后来的设计思维产生了很大的影响（图7-10）。而成为她真正进入时装大门的契机的则是源于一场山本耀司（Yohji Yamamoto）的经典回顾展览。殷亦晴说山本耀司的设计让她感受到服装的真谛是穿着者与设计师个人精神间的一根纽带。

图7-10　殷亦晴

在接触服装面料后，殷亦晴便被织物的魅力所征服，“面料可以同时涉及人的情感，感官与韵律，在

图7-11 殷亦晴服装设计作品对雕塑的运用

自由的想象之下可以表现出无尽的变化。”除了服装设计师，成为一名雕刻家同样是她的理想职业，于是大胆的跨界思想油然而生。她的灵感经常来自建筑设计或雕塑艺术等领域，并尝试运用独特的设计思维，以雕刻手法塑造面料，使其在人体之上得到“重生”。于她而言，时尚就“如同雕塑，且是围绕身体的雕塑”（图7-11）。

热爱雕塑的她在学生时期创作了许多实验性的服装，拥有与众不同的设计思维与审美品位，更赢得众多国际大奖。2011年，她获得了ANDAM Fashion Awards时尚大奖，并参与巴黎高定时装周，成为首位华裔高定设计师；2013—2015年担任Leonard Paris成衣系列创意总监；2018年，她被委任为阔别时装界十九年的高级定制品牌Poiret的主理人，成为2018秋冬巴黎时装周的一大亮点。

殷亦晴在2011年创立了个人品牌Yiqing Yin，她的品牌风格具有雕塑感和几何感，擅长使用堆叠织物和勾勒丝线的方式创作独一无二、美轮美奂、如梦如幻的服装，艺术造诣很高。殷亦晴通过使用大量的褶皱和堆叠，营造出满满的层次感和强烈的戏剧感，其作品处处流露出浪漫气息。将服装当作雕塑，通过褶皱、立体裁剪、刺绣等工艺来诠释高级定制，细节大多是黑灰白相间的冷色调，如图7-12所示。

殷亦晴一直坚持以手绘的形式进行设计，在掌握高级定制服装的传统技法上以自己的风格赋予女装新的廓型。她更将精力和设计出发点放在了不同面料、材质的冲撞，在质感和流动感上，塑造属于殷亦晴风格的“高级定制”。

四、夏姿·陈（SHIATZY CHEN）

夏姿·陈是中国台湾品牌，于1978年成立，专事于设计与生产高级女装。如今已经发展为拥有高级女装、高级男装、高级配件以及高级家装饰品的综合品牌。由王元宏与王陈彩霞夫妇携手创立，逐步积累实力并摸索出独创之风。

夏姿·陈品牌的名字来源于“华夏新姿”之意，于1990年在巴黎成立工作室，成

图7-12　殷亦晴服装设计作品对褶皱的运用

为第一个进驻欧洲的中国台湾的时尚品牌。2003年3月上海锦江门市成立，成为夏姿·陈进入大陆市场的第一个据点。2003年，《亚洲华尔街日报》（*The Asian Wall Street Journal*）评选夏姿·陈为值得瞩目之品牌；2004年1月，英国伦敦《金融时报》（*Financial Times*）评选夏姿·陈服饰为年度热门时尚品牌之一，与来自全球的国际精品名牌“并驾齐驱”。

品牌创始人、设计总监王陈彩霞认为，东方设计若想在西方时尚舞台占有一席之地，首要之务为凸显自身品牌的特色，因此，夏姿·陈在每一季的服装新品中都会融合中国文化的精神与元素。同时，她也坚信，除了坚持设计理念与创新之外，还要符合国际潮流，注入当代时尚美学，赋予服装以新的生命力，品牌精神方能屹立常青。

细致的手工刺绣向来是夏姿·陈最具有标志性的品牌特色之一，每一季新品的刺绣配线都经过长时间的重复打样才选定。自1978年以来，夏姿·陈一直将刺绣、丝绸、立领等富有中国古典美韵味的元素运用在服装设计中。玉镯手提包是夏姿·陈的代表性设计作品之一，放眼西方时尚界，这一设计堪称标新立异（图7-13）。包袋的设计灵感源于华夏女子出嫁时，母亲总会给女儿一只玉镯的传统，其丰富的内涵在中西交融的设计中更显寓意深刻。

图7-13 夏姿·陈玉镯手提包

夏姿·陈2022春夏系列，以“嬉戏”为主题，取自古文中游玩之意、欢乐活泼之感，设计中的经典中式立领上衣、中式罩衫等款式，都使得服装在具有国际风采的同时又颇具东方韵味（图7-14）。东方精致的手工艺刺绣，在与西式廓型的相互辉映下，产生了奇妙的艺术效果。

图7-14 夏姿·陈2022春夏“嬉戏”系列

夏姿·陈2022秋冬系列，以“光尘”（GENESIS）为主题（图7-15），在起初无光的黑暗中划开一束火柴，点亮了火与光。由时装语境引发对于古文“和其光，同其尘”一言的探索，致敬那些在心中不断燃烧的热情与灵感，提醒着人们所走的每一步，都是过去努力耕耘所留下的痕迹，无论是过去的尘埃，还是现在绚烂的花火，它们都是同等重要、同等值得人们铭记的。从面料到廓型，从配饰再到舞台设计，无一不展现出对于火、光的隐喻。夏姿·陈撷取华夏绣艺典范，贯穿西方立体裁剪，塑造出优美大气的新型东方之美。

图7-15　夏姿·陈2023秋冬“光尘”系列

五、盖娅传说（Heaven Gaia）

盖娅传说，由中国著名服装设计师熊英女士于2013年创立，是表现中国文化的当代艺术品牌，传承中国智慧美学，并始终致力于将原创精神转化为独特的服饰美学文化。盖娅传说的服饰作品皆选取上等的材料、精致的装饰，专注于呈现每一个细节，呈现出具有中国风的优质服装。

盖娅传说的品牌名字中的“盖娅”意为大地的母亲，这一形象充满了女性孕育之丰腴，母性爱恋之柔情，既古典又温婉。品牌创始人以大地的母亲为品牌命名，体现着她致力于创造以中国风为基础的独特服饰美学文化。

盖娅传说将现代流行审美与中国古典相融合，在发扬品牌精神的同时也向全世界展示着中国文化之美。一直以来坚持从中国古典文化中汲取灵感和创意，工艺上多采用苏绣、打籽绣、银丝线绣和珠绣等多种传统工艺。运用金银丝、米珠、水晶等多种材料进行服装设计。在品牌秀场上经常能看到中国传统植物染色的身影，还多用渐变色将渐变染色工艺发挥到了极致（图7-16）。

图7-16　盖娅传说服饰中对于渐变色的运用

将风行千年的中国传统元素与现代服装相融汇，再现中国传统美学意境。如2018年巴黎时装周上的“承 · 四大美人”系列。以中国传统文化中传诵不衰的四大美人西施、貂蝉、杨贵妃、王昭君的绝代芳姿来指引女性为美而活。如图7-17所示，四季更迭、岁月流年、美人如画，溯东方大气之美，承中华古典之韵。

“醉梦（贵妃）”系列采用中国古代宫廷的明黄及正红色调表现牡丹、菊花等华贵花卉。在丝光锦缎上使用明度、肌理不一的各色棉花、丝线进行立体裁绒、丝带刺绣，展现花开富贵的大唐盛景。

“问情（貂蝉）”系列中可以看到众多花卉图案，保留水墨画幅本身的构图与留白，用衣服结构与画幅的比例达到以衣为纸、衣间作画的效果，整体清雅简约。

“相思（昭君）”系列以黑色底料为主，衣身进行对比鲜明的白银刺绣，将琵琶图案融入其中，在局部脉络以银色珍珠勾线或在衣摆间零星散落不同大小的珍珠，行走时如雪花飘落。

图7-17　盖娅传说"承·四大美人"系列服装

"初见（西施）"系列服饰，"亭亭玉荷，悠含昨夜清露。"中国人自古喜欢用荷花比喻美人的清丽、高雅。在此系列设计中，提取荷的青绿色系作为主体颜色，融合荷、鹤等元素，设计了寓意"和美"的改良云纱秀荷服。

盖娅传说2022春夏系列主题为"乾坤·方仪"，品牌一如既往地将中式美学意境与西式时尚剪裁融合起来，从场地选择、模特妆容、服饰搭配等无不匠心独具，由点到面地呈现出服装的艺术性，将时尚与文化用故事串联。此次服装主题灵感分别来自天象景观、松鹤百鸟、山脉海浪等，在工艺上运用缂丝、苏绣等非遗工艺，使服装整体呈现出磅礴的生命力（图7-18）。

图7-18　盖娅传说2022春夏系列一

盖娅传说的服装多运用中国传统立领、盘扣、团扇等元素进行的细节设计，使服装更具中国风，印花、刺绣也多采用了传统纹样中的龙凤、梅兰竹菊等。雅致的色调搭配，禅意的留白设计以及灵动的水墨渲染等，彰显了盖娅传说独一无二的风格（图7-19）。

图7-19 盖娅传说2022春夏系列二

第二节 国外服装设计大师作品案例赏析

国外服装我们通常称为“窄衣文化”，无论是从服装设计理念、服装结构还是服装材料上来看都与中国传统服装设计有着区别。通过学习和借鉴不同国家的服装设计大师作品，理解其设计风格、灵感来源，可以激发我们的创意思维，从而丰富我们的服装设计创意与表达。本节内容将以国外著名设计大师卡尔·拉格斐（Karl Lagerfeld）、三宅一生（Issey Miyake）、华伦天奴·格拉瓦尼（Valentino Garavani）、克里斯汀·迪奥（Christian Dior）、亚历山大·麦昆（Alexander McQueen）为例进行分析，感兴趣的同学可以课后进行资料搜集和整理。

一、卡尔·拉格斐（Karl Lagerfeld）

卡尔·拉格斐是德国著名时装设计师，同时也是优秀的艺术家和摄影师。卡尔·拉格斐曾是香奈儿（Chanel）和芬迪（Fendi）两大品牌的首席设计师，时尚界人称“老佛爷”“卡尔大帝”，如图7-20所示。他参与了各种与时尚和艺术相关的项目，因其标志性的白发、黑色太阳镜、露指手套和高高的、可拆卸的衣领而闻名。

图7-20　卡尔·拉格斐

卡尔·拉格斐接手香奈儿时，香奈儿的设计正处于一种迷茫的状态。卡尔·拉格斐设计的第一个香奈儿系列于1983年1月26日展出，标题为Lagerfeld Sputters。卡尔·拉格斐为香奈儿制作的第一个系列以失败告终，他决定将裙摆降低到嘉柏丽尔·香奈儿标志性的及膝长度以下，将服装颜色变得鲜艳，特别强调了双“C”的经典元素，让香奈儿获得了前所未有的光彩和时尚界地位，如图7-21所示。他也成了全球时尚偶像，直到晚年，他的名声和影响力甚至不断上升。

图7-21　卡尔·拉格斐指导的香奈儿大秀

卡尔·拉格斐对时尚界的影响深远，但他的影响不是通过具体的服装类型体现的。他没有创作出像伊夫·圣·罗兰（Yves Saint Lauren）影响时尚史的系列和外观，如喇叭裤、套头毛衣、无袖汗衫、嬉皮装、长筒靴、中性服装、透明装等；他也没有创造出一个像乔治·阿玛尼（Giorgio Armani）创造的一样高度知名的外观。但是，卡尔·拉格斐（Karl Lagerfeld）他确实对法国成衣行业的发展产生了早期的重大影响，在20世纪70年代，他创造了一种新的运动服装风格；同时挖掘了波西米亚风格中的商业可能性，将其设计成漂亮、流畅的线条和温和的风格，这种风格一直流行到今日。

当卡尔·拉格斐在芬迪工作时，很早就认识到材料的研发对创造性表达的影响，特别是在毛皮领域。同时，卡尔·拉格斐也带领芬迪进行了许多风格尝试——高级嬉皮士、未来主义、时尚、建筑等，最终专注于图形抛光的美学。2015年春季，为了致敬以前，香奈儿推出了华丽夺目的浪漫系列设计，如图7-22所示。卡尔·拉格斐是一个有多种情绪、终身设计兴趣的人，他设计的T台服装风格多变，有些服装很奢华，有些则很克制，如香奈儿的经典紧身裤、朋克装等。

图7-22 香奈儿2015春季系列设计

卡尔·拉格斐作为香奈儿设计总监时，他的客户定位是成功女士。在20世纪80年代早期，多数拥有高薪工作的女士都很青睐香奈儿的服装，与此同时也为香奈儿吸引了年轻一代的消费群体（图7-23）。

图7-23 香奈儿系列设计

二、三宅一生（Issey Miyake）

三宅一生是日本著名服装设计师，他以极富工艺创新的服饰设计与展览而闻名于世（图7-24）。他的时装极具创造力，集质朴、基础、现代化于一体。三宅一生一直以无结构模式进行设计，他的设计思想是一种代表着未来新方向的崭新设计风格。

图7-24 三宅一生

在造型上，他开创了服装设计上的解构主义风格，借鉴东方制衣技术以及包裹缠绕的立体裁剪技术，在结构上任意挥洒，释放出无拘无束的创造力与激情；在服装材料上，他将自古代流传至今的传统织物，应用了现代科技，再结合他个人的哲学思想，改变了高级时装及成衣外观传统的平整光洁，以多种材料创造出独特创新的面料和服装。

三宅一生的同名品牌于1970年在东京成立。他以日本的民族观念、习俗和价值观创建了自己的品牌，成了国际知名的时装品牌。由于三宅一生的设计延伸到了面料设计领域，结合传统织物和他自己的哲学思想，因此也被称为“面料魔术师”。

同时，三宅一生非常偏爱稻草编织的日本式纹染、起绉织物和无纺布，在颜色上则独爱黑色、灰色等暗色调和印第安的扎染色，在廓型上非常擅长立体主义设计。凭着皱褶的面料，三宅一生在巴黎时装界站稳了脚跟，因此品牌的后来设计基本上都遵循了三宅一生最初的设计理念和设计风格。根据不同的需要，他设计了三种褶皱面料：简便轻质型、易保养型和免烫型。

拥有法国巴黎和美国纽约学习工作的经验，三宅一生是最早走向世界的日本设计师，他将东方设计融合西方特点，从日本的和服和手工艺传统中汲取养分，尝试不同的材质，结合手工艺技术，完成了早期多变又创新的系列设计。和服中的悬垂、褶皱和层叠技术以及日式包装的折叠、包裹和塑形方法在他的服装中随处可见。这些服装款式与传统剪裁不同，不注重突出人体曲线，而是在服装与身体中留下空间，使服装具有一种仿生物的有机感，让穿着者可以随时自由舞动，如图7-25所示。

褶皱是三宅一生作品中最有代表性的设计元素之一，面料不需要预打褶而是在剪裁缝制之后，经过热压机处理形成纹路。褶皱系列服装是三宅一生在进行服装材质探索中慢慢发展出来的设计精华，褶皱不仅可以给面料和身体中预留出空间，还具有可塑性的表面纹理，不需要过多的装饰和设计就可以达到丰富的变化（图7-26）。这不仅是工艺上的一次创新，同时也改变了人们对于聚酯材料的刻板印象，“衣料没有限制”这是三宅一生创造设计的基础。

图7-25 三宅一生褶皱系列一

图7-26 三宅一生褶皱系列二

三、华伦天奴·格拉瓦尼（Valentino Garavani）

图7-27 华伦天奴·格拉瓦尼

华伦天奴·格拉瓦尼1932年出生于意大利（图7-27），1960年在罗马成立了华伦天奴（Valentino）公司。富贵华美、美艳灼人是华伦天奴的品牌特色。华伦天奴·格拉瓦尼喜欢用纯度较高的色彩，从整体到细节都做得尽善尽美，运用柔软贴身的丝质面料和光鲜华贵的亮绸缎，加上合身的剪裁呈现出优雅的整体风采。华伦天奴品牌是豪华奢侈生活方式的象征，受到追求十全十美的名流们的钟爱。华伦天奴·格拉瓦尼既是一位优秀的服装设计师，也是一位社交界的“大明星”，这是他成功的一大原因之一。

这位天才时装设计师在十多岁离开了家乡意大利，到法国巴黎学习时装设计，并显露出自己与生俱来的设计才华。20世纪60年代初，他移居罗马开设了第一家工作室，并于1962年在皮济广场上举办了首次时装秀，开始崭露头角。20世纪60年代中期，华伦天奴·格拉瓦尼已经成为意大利著名时装设计师。

作为时装史上公认的最重要的设计师和革新者之一，华伦天奴·格拉瓦尼所经营的华伦天奴品牌以考究的工艺和经典的设计，为追求完美精致的社会名流们所钟爱。他以出色的成就被时装界公认为世界八大时装设计师之首。

华伦天奴·格拉瓦尼喜欢用纯度较高的色彩，其中使用最多的鲜艳红色可以说是他的标志色。这份红色贯穿其整个职业生涯，包括0的蓝、100%的红、100%的黄和10%的黑，这更是华伦天奴红，也是品牌的象征。华伦天奴·格拉瓦尼青年时期游历于西班牙巴塞罗那歌剧院时，被那里的红色舞台、红色帷幕以及红色的戏服所吸引。他回忆道，这一时期他突然认识到，在白色和黑色之外，唯有红色是最美丽的。红色是一种耀眼的色彩，代表了生命、鲜血、热情和爱，这是他设计的礼服中最为畅销的颜色，如图7-28所示。

图7-28 华伦天奴钟爱的红色

华伦天奴·格拉瓦尼一生致力于一个简单的信条："我知道女性想要什么，她们想要美丽。"在他心中，红色就是代表魅力的颜色，是创作自由、感性及女性美的结合。他的设计更注重剪裁、廓型、复杂的褶皱，尤其特别喜爱使用高亮的面料，风格高贵古典。

华伦天奴·格拉瓦尼首创用字母组合为装饰元素，最典型的是1968年的"纯白"（All-White）系列（图7-29），标志的"V"字开始出现在时装、饰品及带扣上。20世纪七八十年代，华伦天奴·格拉瓦尼成为推出男式和女式成衣的首位高级时装设计师。2020春夏秀场发布的The Rope手袋以流苏和绳结作为装饰。纯净的白色和任何服装搭配都不会喧宾夺主，致敬了1968年的纯白系列（图7-30）。

近年来，华伦天奴·格拉瓦尼的服装设计风格以浓郁的异国风情为主旋律。美丽的刺绣和流苏，辛辣香料色系和浪漫热带风情，小鸟色、鲑鱼色、橄榄色以及芥末色等色彩在他的作品中都有大胆的体现。图案则取材于摩洛哥和印度的传统服饰与灵感，无论是刺绣、流苏还是对其他辅料的处理，细腻精巧的工艺皆令人叹为观止。

华伦天奴的服装代表着一种华丽壮美的生活方式，体现着古罗马的富丽堂皇，代表着另类的潮流风格。除了对于服装的把握，华伦天奴·格拉瓦尼在1969年起又相继推出一系列的香水、皮鞋、太阳镜、室内装饰用纺织品等产品畅销全球。

2000年，华伦天奴·格拉瓦尼获得由美国时尚设计师委员会颁发的终生成就奖。华伦天奴·格拉瓦尼的创作作品和企业家生涯成为意大利时尚界的重要组成，他的名字代表着想象和典雅、现代和永恒之美。

2008年，华伦天奴·格拉瓦尼最后一次主持设计的春夏高定系列时装发布会，于法国巴黎罗丹美术馆（Musée Rodin）举行，数十名模特身着一袭红色长裙在T台走秀，向这位从业45年的“红毯之王”致敬（图7-31）。

图7-29　华伦天奴1968年“纯白”系列

图7-30　华伦天奴2020年春夏手袋

图7-31 华伦天奴告别秀

四、克里斯汀·迪奥（Christian Dior）

图7-32 克里斯汀·迪奥新风貌服装

克里斯汀·迪奥是法国著名设计师，1905年出生于法国诺曼底格兰维尔的一个富裕的企业家庭，自小就热爱毕加索作品，他对时尚有着独特的见解和想象空间。

从1947—1957年，克里斯汀·迪奥用精湛的设计作品复兴了巴黎高级时装行业。1947年，新时装店的开业和克里斯汀·迪奥革命性的新外观——柔软的肩膀、有衬垫的臀部和长裙席卷了男性化的“二战”时期风格。

在克里斯汀·迪奥所设计的众多经典服装设计中，不得不提到1947年设计的新风貌（New Look）服装（图7-32），圆润平缓的自然肩线、高挺的胸部连接着束细的纤腰，用裙撑撑起来宽大的裙摆。服装的裁剪能够突出女性的胸部和腰部曲线，并且能够让穿着者活动自由，虽然新风貌服装与当时的战时风格迥异，但是仍受到了许多女性的欢迎，并对当代服装设计的发展产生了深远影响。

迪奥风靡一时的廓型设计还有O形、A形、Y形、H形、郁金香形、箭形……这一系列独具匠心的设计，让迪奥品牌走在时尚的前沿。克里斯汀·迪奥在女性时装上非常注重将肩部、腰部、胸部线条凸显出来（图7-33）。

图7-33　克里斯汀·迪奥2011春夏高级定制

迪奥先生的设计还受到植物解剖学的影响，他母亲的玫瑰园中超过20种不同种类的玫瑰以及铃兰、丁香、茉莉等各种各样的花卉都成为迪奥先生创造廓型的灵感源泉：纤细的腰肢是摇曳的花茎；洒开的裙摆则是盛大的花冠。这种凸显女性气质的设计将人们从长久的机械理性主义中释放出来，使他的服装设计取得了重大成就，也让巴黎重回世界时尚之都。

五、亚历山大·麦昆（Alexander McQueen）

亚历山大·麦昆出生于英国伦敦，是英国著名服装设计师（图7-34），有“坏孩子”之称，被认为是英国的“时尚教父”。他在1992年创立了以自身名字命名的高级服装品牌——亚历山大·麦昆，在2003年被赋予大英帝国司令勋章，并四次被评为英国年度最佳设计师。

图7-34 亚历山大·麦昆

亚历山大·麦昆充满创意的时装表演，更被多位时装评论家誉为是当今最具吸引力的时装表演。如图7-35所示，模特穿着白色连衣裙站在旋转的台面上，两边是喷射黑色和黄色油漆的机器人。这种服装秀的模式颠覆了传统，半加工的服装在台上完成制作，幽幻奇异的模特与后现代的机械手臂产生了强烈的视觉碰撞。

图7-35 亚历山大·麦昆的秀场

亚历山大·麦昆的时尚不一定意味着自我表达，而是更类似于19世纪和20世纪的绘画和雕塑的角色，在这些超现实的“世界”中，亚历山大·麦昆激进的美学深入了灵魂深处，他是一个有远见的人，从未失去孩子般的好奇心，他的创作不受商业的抑制，是一个较为纯粹的艺术家。

如图7-36所示，亚历山大·麦昆2009年秋冬系列是对他设计事业的回顾。该系列作品重复使用了之前设计系列中的图案和面料，以“丰饶之角”命名，具有十足的视觉冲击力。在这个系列中，亚历山大·麦昆提取了诸多设计师的经典设计，与自己的标志性设计融合呈现。比如通过提取并模仿迪奥的“New Look”廓型裁剪，以自己的方式重新演绎经典，在精巧的剪裁技艺中让千鸟格幻化成鸟的图案，使这个系列的作品在回顾亚历山大·麦昆1995年春夏“鸟群”（The Birds）系列图案的同时，又注入新的活力，通过技艺辅助概念，创造了独特的艺术效果。

图7-36

图7-36 亚历山大·麦昆设计作品

本章小结

■ 无用品牌力图唤醒的不仅是民艺，还有民艺背后所蕴含的传统文明和人类的精神世界，更是呼唤世人共同探索人类应当如何与自然和谐共生、可持续发展。

■ “高级定制”在今天的服装界仍然象征着身份与地位，它是为客人的特殊需求单独设计、裁剪、纯手工定制的时装精品，体现了专业设计师非凡的能力与创造力。

■ 盖娅传说将现代流行审美与中国古典文化元素相融合，在发扬品牌特色的同时也向全世界展示着中国文化之美。一直以来坚持从中国古典文化中汲取灵感和创意，工艺上多采用苏绣、打籽绣、银丝线绣和珠绣等传统工艺。运用金银丝、米珠、水晶等多种材料进行服装设计。

■ 卡尔·拉格斐对法国成衣行业的发展产生了重大的影响，在20世纪70年代，他设计了一种新的运动服装风格；同时挖掘了波西米亚风格中的商业可能性，将其设计成漂亮、流畅的线条和温和的风格，这种风格就一直流行到今日。

■ 三宅一生凭着皱褶的面料在国际时装界站稳了脚跟，品牌后来基本上都遵循了三宅一生创造的设计理念和设计风格。根据不同的需要，他设计了三种褶皱面料：简便轻质型、易保养型和免烫型。

思考题

1. 针对喜爱的设计师的设计风格及作品进行简要分析。
2. 结合自己的看法，谈谈未来中国服装设计的发展前景。

参考文献

[1] 凌雅丽. 创意服装设计[M]. 上海：上海人民美术出版社，2015.

[2] 要彬，刘冰，纪瑞婷. 形神之间：创意服装设计[M]. 北京：中国纺织出版社，2019.

[3] 梁明玉. 服装设计：从创意到成衣[M]. 北京：中国纺织出版社，2018.

[4] 韩兰，张缈. 服装创意设计[M]. 北京：中国纺织出版社，2015.

[5] 李慧. 服装设计思维与创意[M]. 北京：中国纺织出版社，2018.

[6] 李当岐. 西洋服装史[M]. 2版. 北京：高等教育出版社，2005.

[7] 华梅. 中国服装史（ 2018版）[M]. 北京：中国纺织出版社，2018.

[8] 华梅. 中西服装史[M]. 2版. 北京：中国纺织出版社，2019.

[9] 华梅. 东方服饰研究[M]. 北京：商务印书馆，2018.

[10] 刘元风. 服装设计学2[M]. 北京：高等教育出版社，1997.

[11] 罗伯特·利奇. 时装设计灵感·调研·应用[M]. 张春娥，译. 北京：中国纺织出版社，2017.

[12] 叶立诚. 服饰美学[M]. 北京：中国纺织出版社，2001.

[13] 程悦杰. 服装色彩创意设计[M]. 上海：东华大学出版社，2015.

[14] 岳满，陈丁丁，李正. 服装款式创意设计[M]. 北京：化学工业出版社，2021.

[15] 骞海青. 服装面料创意设计[M]. 上海：东华大学出版社，2019.

[16] 张金滨，张瑞霞. 服装创意设计[M]. 北京：中国纺织出版社，2016.

[17] 于国瑞. 服装设计思维训练[M]. 北京：清华大学出版社，2018.

[18] 朱洪峰，陈鹏，晁英娜. 服装创意设计与案例分析[M]. 北京：中国纺织出版社，2017.

[19] 陈丁丁，岳满，李正. 服装面料基础与再造[M]. 北京：化学工业出版社，2021.

[20] 杨颐. 服装创意面料设计[M]. 上海：东华大学出版社，2015.

[21] 刘晓刚，崔玉梅. 基础服装设计[M]. 上海：东华大学出版社，2015.

[22] 菲奥娜·迪芬巴赫. 时装设计：从创意到实践[M]. 袁燕，肖红，译. 北京：中国纺织出版社，2018.

[23] 吕越. 时装艺术·设计[M]. 北京：中国纺织出版社，2016.

[24] 毕虹. 服装美学[M]. 北京：中国纺织出版社，2017.

[25] 王小萌，张婕，李正. 服装设计基础与创意[M]. 北京：化学工业出版社，2019.

[26] Black A, Burisch N. The New Politics of the Handmade: Craft, Art and Design[M]. London: Bloomsbury Publishing, 2020.

[27] Hogan J, Murdock K, Hamill M, et al. Looking at the process: Examining creative and artistic thinking in fashion designers on a reality television show[J]. Frontiers in Psychology, 2018, 9.

[28] Bannò, Annà Veronica. CREATIVE THINKING IN FASHION & TEXTILE DESIGN: Idea Generation, Reflected in the Visual Journal[D]. Sydney: University of Technology Sydney, 2020.

[29] Lawson B. How designers think[M]. London: Routledge, 2006.

[30] Lupton, Ellen Graphic design thinking: Beyond brainstorming[M]. New York: Princeton Architectural Press, 2011.